餐桌上的
香料百科

好吃研究室　编著

華夏出版社
HUAXIA PUBLISHING HOUSE

餐桌上的香料百科

厨房里的玩香实验！从初学到进阶
料理·做酱·调香·文化的食材大全

目录

香料可用来增香、调色、防腐，还有食疗效果。本书共分为5个单元，每个单元从该地区的香料文化介绍起始，辅以调香、做酱与经典菜食谱的呈现，接着进入个别香料的介绍与入菜灵感提示。

由于同种香料可能会横跨不同地区（如：姜黄是南洋与印度料理的常用香料），主文介绍会着眼于其中一个地区的饮食文化，但透过常用香料一览，仍可快速获知该地区的香料品项。书末以香料名与食材分类的索引，也是可以快速找到所需内容的好帮手。

PART1 关于香料，你一定要知道的事

PART2 欧美料理的香料日常

PART 2 欧美料理的香料日常

PART 3 南洋料理的香料日常

PART3 南洋料理的香料日常

PART4 印度料理的香料日常

PART5 台式料理的香料日常

推荐序

餐桌上的魔术师

上个世纪的美食界流行这样一种说法："中国人用嘴巴吃饭，日本人用眼睛吃饭，法国人用鼻子吃饭。"是说中餐的品鉴强调味觉，日餐的品鉴视觉很突出，法餐的品鉴重视嗅觉。确实如此，欧洲人的鼻子大不仅和气候相关，也和嗅觉相关，他们厨房里的香料，往往是我们的几倍。

随着人流、物流、信息流的加快，美食材料与厨艺的交流也在加快，中国人的口福开始向国际延伸，重视嗅觉也不再只是欧洲人的"专利"。许多人常常走街串巷，只为寻找到最好吃的西班牙海鲜饭、最正宗的印度咖喱饭；又或者吃遍各种泰国餐厅，只为品尝到最原汁原味的冬阴功汤……其实，这些味道的魅力都离不开地道香料。

我有个朋友是香料爱好者，他每次出国都要去当地菜市场或超市搜罗一堆香料回来，因此他家的厨房摆满了各种瓶瓶罐罐。香料具有魔术般的功能，可以满足他制作各种惊奇美食的诉求。一个充满香料的厨房，是构建幸福和谐家庭的要件。时常变换异域香料的餐桌，是热爱生活、重视生活品质的表现。

很惊喜这本书对于香料的介绍如此全面，重点介绍了欧美、东南亚、印度以及台湾地区常用的 60 多种香料，包括每一种香料的鉴别、保存和产地信息，从香料的角度解读地域文化。本书充满趣味性，不仅一幅幅精美的图片令人垂涎，还教你怎么区分两种长得很像的香料，更展示了近 100 道异域经典菜肴的制作方法。

香料，不仅是美食的宠儿，更是彰显手艺的秘籍所在。香料，是桌上的魔术师，一定会让你的家人惊喜连连、幸福满满。

刘广伟

北京东方美食研究院院长

序言

懂得香料，就是懂得味道的灵魂

其实，香料无所不在。在白开水里加片薄荷叶、炒菜时以蒜头爆香、番茄比萨上都会有的牛至、泰式酸辣海鲜汤里的柠檬草、牛肉干里的八角、苹果派里的肉桂……

我们是否只知道某些香料的存在却不知道该怎么使用它们？它们就像另一个世界的存在，属于进阶版的料理，只有少数人可以踏进。

但真的是这样吗？理解香料，正是理解一个国家或地区对味道的观点。香料在不同国家或地区，有不同的使用样态。如果不仅仅把它当成食材，而能把它放在地域的文化脉络里，学起来会更有温度、感觉与记忆。

是的，舌头是有记忆的。所以我们会记得印度奶茶里要加小豆蔻，煮香料热红酒时肉桂一定不能少，吃印度或南洋咖喱时常想起姜黄粉，咬一口娘惹糕时香兰叶的淡淡芋香仿佛还在嘴边。

在欧美、印度、东南亚及台湾地区，香料都有不同的用法。它的世界深邃丰富，懂得香料，或许不会让我们马上变身大厨，却是让料理变得“不一样”的关键。

记得有位朋友曾在甜点里放了一片金莲花叶，咬到时淡淡的芥末味，让在场所有人惊呼，直说这道菜好厉害。本书的台式香料顾问郭泰王，仅用甘草、香菜、白胡椒煮出甘草水，用其蒸蛋就美味到让人欣喜。

懂得香料，就是懂得味道的灵魂。用天然的方式调味，尝试跟香料做朋友，你手上的秘密武器就会越来越多，美味与幸福就在指间。

PART 1

关于香料，你一定要知道的事

五千年前，埃及人就懂得用孜然、肉桂、丁香等香料制成木乃伊防腐剂；在古罗马和中世纪时期，香料已是欧洲王宫贵族爱用的调味品，且价格高昂，属于身份地位的象征；1298 年马可波罗口述了他在东方世界看到的香料与黄金，掀起了航海时代的冒险热潮；1521 年麦哲伦船队航行到菲律宾的香料群岛（马鲁古群岛），带回一箱又一箱的战利品，开启了欧洲各国在香料贸易上的竞夺。

小小一颗种子，究竟有什么神奇魅力？从身份地位的象征、对东方的绮丽想象、竞争的筹码目标，进展到每一国的饮食文化里。当我们喝着玉米浓汤，撒下黑胡椒时，便参与了这场香料生活化的过程。

如今，香料已不再是对远方气味的想象，也不是身份地位的象征。相反地，它成了各国饮食生活里的重要一员，也是一位料理者的厨艺能否进阶的重要指标。能想象一位厉害的厨师或妈妈，不懂得如何使用八角、迷迭香或罗勒吗？

面对着这些只要加上一点就可以让味道完全不同的调味品，准备好了吗？请跟着本书一起认识它们。

香草的定义较香料广泛，指的是对人体有益的花草，不一定都可食用，有些仅具观赏、芳疗用途。

香料可增加菜肴的香气、味道或用来调色。

香料：可食用的调味料
香草：对人类生活有帮助的花草

香料可分为辛香料和芳香料，辛香料气味辛辣浓郁，如黑胡椒、花椒、八角、红葱头等；芳香料指的则是我们常说的香草植物，如薰衣草、迷迭香、欧芹、薄荷等。

香料为“可以食用，增加料理香气、味道或染色的调味品”。有些香料如胡椒、辣椒、芥末会增加料理的辣度；姜黄、番红花、红椒粉则有很好的染色效果。香料属于植物，还具备一些疗效，像姜黄可抗氧化、月桂叶能消除疲劳和刺激食欲、薰衣草则能放松心灵和镇定神经等。

与香料具备可食用的特质不同，香草指的是“对人类生活有帮助的花草”，有些可食用，有些仅具观赏或芳疗用途。相对于香料，香草的定义更广泛。本书则以可食用且日常烹调常用的香料为主，新鲜干燥皆有，且使用范围从根、茎、花、叶、种子到树皮。如果仔细分辨会发现，同一株植物不同部位的味道不同（如薰衣草花的味道浓郁适合泡茶，薰衣草叶的味道则较淡，去腥效果好），更遑论新鲜和干燥、颗粒和粉状香料味道的差异了。

使用香料其实是一场料理实验，单方、复方，新鲜、干燥，和不同食材的搭配都会有很不一样的效果，建议你放手去玩，尝尝每一种香料的味道，再小分量地加，感受用香料料理的实验精神以及丰厚滋味，只要多试几次，一定会逐步抓到使用诀窍！

让香气充分释放的方法

香料分新鲜、干燥的两种，其中干燥的又可分为叶状、粉状、颗粒状、条状、块茎等，但可不是把它们丢进菜肴里就可以散发出香气。快来看看有什么帮助香气释放的小技巧！

直接撒在菜肴上的颗粒状香料： 胡椒等

使用时现磨的香气最佳，如没有研磨器，也可以用手指或重物敲碎，破坏其形状，或是直接用磨好的胡椒粉，但气味就没有现磨的香。

籽状香料： 小豆蔻、茴香籽、芫荽籽、小茴香等

做咖喱的话，一定要先用油以中小火爆香，炒到香料略微膨胀，听到噼啪声后再以原锅进行后续步骤。若不是做咖喱，则可用干锅炒（或烤箱烤）到香味逸出即可。

以水浸泡： 番红花

番红花的使用较特别，必须先以水浸泡后，香气与颜色才会释出。料理前以水浸泡 10 ~ 15 分钟后，水会变得有点微黄，再将番红花与水一同放入菜肴里烹煮即可（番红花可食，不用特别过滤掉）。

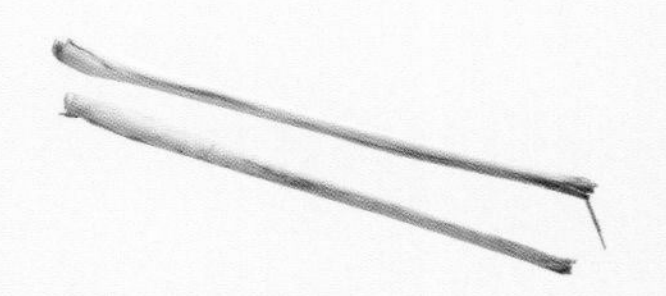

条状香料： 香茅、肉桂、桂皮等

新鲜的条状香料如香茅，可用刀背或石臼拍打敲捶 4 ~ 5 下，让香气释放；干燥的条状香料如肉桂、桂皮，可直接敲成小块，再放入锅中和食材一起炖煮，让香气逐渐释放。

新鲜香料： 薄荷、金莲花、蒲公英、茴香等

如果不考虑保留整片叶子，切碎可帮助香气完整释放。

大片干叶子： 月桂叶、咖喱叶、柠檬叶等

以干锅烘过或放到烤箱微烤，待香气逸出后再放入锅中和食材炖煮。若嫌麻烦，也可以撕成小片，让香气更容易释放。

香料的使用概念

别被食谱绑架：就算是同一种香料，因为生产环境条件、品种差异、干燥或新鲜、处理方式不同，都会造成味觉上的差异。使用之前先尝尝手边的香料，将有助于你评估该如何使用它。随时保持开放的心态，根据自己的喜好稍加调整，可千万别被食谱绑架了。一开始应用香料，别贪心求多、太过豪迈，由于异国香料与我们日常口味不太相同，循序渐进地加入，会比一次到位更接近完美。

除了单方外，进阶的烹调者一定会想试试复方的调香，图为印度的马萨拉综合香料粉。

综合还是单一？市售的香料大体可分为综合香料与单一香料两类。综合香料（咖喱粉、五香粉、法国四香粉等）对于初学者来说相当方便好用，意大利综合香料、普罗旺斯综合香料（第48页）随意加入橄榄油、盐、胡椒涂抹于鸡腿上送入烤箱，或添加于马铃薯、奶油饼干中，都相当讨喜；但固定配方长时间下来，不免感到乏味。身为进阶烹饪者，可以开始使用更多单一口味的香料，自行调配或区分，锻炼味觉，使调味更细致化。

香料分类：香料有浓有淡，

使用浓度高的香料（如迷迭香）时不要放太多，以免盖过其他香料的风味。略微了解不同香料的属性，也有助于即兴搭配，例如莳萝、茴香、酸豆特别适合搭配海鲜，迷迭香、小茴香特别适合肉类，而奶类制品或浓汤加入鼠尾草或肉豆蔻后味道总是特别好。

保存方式：新鲜香料没有干燥香料容易保存，最好于使用前购买，并尽快食用完毕，若无法马上用完，仍保有根茎的，可像插花般置于容器中冷藏，每天换水，可保存 2 ~ 3 天；若以茎叶为主，可以放置于干净保鲜盒中，香草上下都用微湿的厨房纸巾铺盖，可以保存超过一星期。

钵与杵的妙用：干燥香料像胡椒，只要磨成粉，香气就容易流失殆尽，购买时建议选择颗粒完整的，家里常备一个小石臼，使用前用锅子或烤箱干烘一下，现磨现用香味更好。

建议购买的香料小工具：买一个小石臼吧！

坊间有贩卖如跷跷板的香料弯刀和香料剪刀，目的都是要将香料切碎，帮助香气释放，其实用菜刀切、手撕就已足够，如果说真要买实用小工具，不如就买个小石臼吧！从黑胡椒、芫荽籽到丁香、小豆蔻都可磨。如果想要自己做印度咖喱调香，从原粒开始磨成粉，香气与趣味都会加倍。

香料保存妙方

干燥香料最怕湿气和紫外线，可连同干燥剂一起放入具遮光性的罐子内，且除了香草荚与新鲜香草外，香料千万不要放进冰箱，因拿进拿出的温度变化反而会产生湿气，让香料变质，尤其粉状香料，密封后放在干燥且阳光不直射的地方即可。

常用的通用香料

胡椒

Pepper

Piper nigrum

全世界最常见的调味香料，更是餐桌上的黑色黄金

料理　烘焙　驱虫　药用

别名： 古月、黑川、白川、浮椒、味履支、玉椒

产地： 原产于东南亚，现广植于热带地区

利用部位： 果实

黑胡椒早期在印度是一种草药，用于治疗腹痛、胃病、风寒等，后来才成为历史悠久的东方香料。胡椒因采收的处理和种类不同，可分为黑胡椒、白胡椒、绿胡椒、红胡椒四种，有刺激且强烈的辛辣味，性温散寒，是世界各地最广泛使用的辛香料，在调味和医学上都有着重要地位。

胡椒的辣味主要来自胡椒碱，存在于果皮、种子中，研磨愈细香气和辣味愈浓。四种胡椒的香气辣度各有差异，分量拿捏恰当，料理就有画龙点睛的效果，烹调时间不宜过长，以免香气流失。

➔ 红胡椒 Pink Pepper

果实成熟后采收，经干燥加工而成。一般来说，红胡椒（或称粉红胡椒）包含了胡椒、欧洲花楸和巴西胡椒木的果实，除了胡椒果实外，另两种几乎没有辛辣感，但带有独特的香气与酸味，入菜配色很漂亮，也可增加香气。

↑ 白胡椒 White Pepper

去除胡椒成熟果实的外皮，将种子充分干燥处理而成，口味香辣，但较黑胡椒温和，适合运用在海鲜、白肉料理或浅色酱汁中。

胡椒有防腐、抑菌的效果，可消炎、解毒，且温热的胡椒可以驱寒，对因受凉导致的感冒或胃寒引起的下痢腹泻有一定疗效，亦可促食欲助消化。

绿胡椒 Green Pepper

新鲜的绿胡椒较少见，干燥的则与黑胡椒一样是采收未成熟的果实，经冷冻干燥后保留褐绿色泽，是四种胡椒的辣度之冠，常出现在川菜、泰国菜中，是嗜辣者的最爱。

黑胡椒 Black Pepper

采收胡椒未成熟的果实，经日晒干燥加工处理而成，口味呛辣，适合运用在红肉料理中。

保存

- 新鲜胡椒冷藏保存，尽快使用完毕。
- 干燥密封装好，置于阴凉、不被太阳直射的地方，避免受潮变质。

应用

干燥磨粉后，用于腌制与各式海鲜或肉类的调味，有去腥增香的效果。常见的菜式有胡椒虾、胡椒饼。

通用香料

墨西哥香辣鲜蚝盅

以香辣黑胡椒给生蚝提味增香，再加入特调香辣酱，不仅杀菌，更引出鲜甜滋味。

香料 黑胡椒粉 3 克、塔巴斯哥辣酱（Tabasco）10 毫升、梅林辣酱油 15 毫升

材料 番茄汁 120 毫升、柠檬汁 20 毫升、意大利陈年醋 15 毫升、生蚝 80 克、伏特加 10 毫升、盐适量

作法

1 先把生蚝以滚水烫熟，再捞起来泡入冰水中，最后滤干水分。

2 把香料与生蚝除外的所有材料全部混合均匀即成香辣酱汁。

3 将处理好的生蚝放入盅内并淋上香辣酱汁即可。

point/

生蚝可用一般的牡蛎取代，虽小一点，却同样美味。

通用香料

新加坡奶油白胡椒蟹

为了让海鲜与香料完全入味，除了以「粒状」白胡椒去腥提味外，还多加了「粉状」的白胡椒与青蟹紧密结合，以增加香度和辣度，让偏寒的螃蟹吃来很暖胃。

香料 白胡椒粉 20 克、白胡椒粒 5 克、红葱头 10 克、姜 15 克、大蒜 15 克

材料 青蟹 2 只、洋葱 80 克、水 200 毫升、黄油 20 克、黄酒 20 毫升、盐适量

作法

1 青蟹洗净切八块，红葱头、洋葱、姜、大蒜都切成片状。

2 起锅放入黄油，先炒红葱头、大蒜、姜、洋葱，炒香后放入白胡椒粉和白胡椒粒炒香。

3 再放入青蟹块拌炒至壳呈红色，放入黄酒、盐、水加盖焖约 5 分钟即可。

point

如果觉得处理青蟹很麻烦，以 160 克鲜虾代替也可以。

辣椒

Chili

Capsicum annuum

呛辣的红色辛香料，
暖身促循环的减肥圣品

料理　驱虫　药用　染色

别名：唐辛子、番椒、海椒、辣子、辣角、秦椒

产地：原产于南美洲热带地区，现以墨西哥为主

利用部位：果实

辣椒性热味辛，可驱寒、杀菌，促进血液循环，帮助能量消耗；所含的辣椒素具有消炎及抗氧化作用，亦含丰富维生素 C，适量摄取可抗衰老、减肥、治感冒等。

辣椒属茄科植物，果实呈长条笔形或灯笼状，未成熟时为绿色，成熟时呈红色。约可分为二大类，一类是为料理增香添辣的辣味辣椒，依品种有不同等级的辣度，最辣的应属印度魔鬼椒；另一种是有甜味的菜椒，也就是常见的彩色甜椒。

辣椒切开即有刺鼻香气，因含有辣椒素而产生辣味，还含丰富 β－胡萝卜素、叶酸、镁及钾，尤其维生素 C 含量更是蔬菜之冠。食用辣椒要适量，过多会刺激肠胃。

应 用

- 新鲜辣椒可生吃、炒炸、切碎调酱汁，或腌制后入菜，亦可泡油制成辣椒油。
- 干燥辣椒香气更浓郁，可切段或磨粉入菜。
- 萃取辣椒素加工制成减肥食品、温热贴或防狼喷雾器等。

保 存

- 新鲜辣椒于冰箱内冷冻可保存约 1 个月，料理时不需解冻，可直接入菜。
- 干燥辣椒密封装好，置于阴凉处，避免受潮变质。

适合搭配成复方的香料

红辣椒干燥磨粉后，混合孜然、牛至、大蒜、甜椒等辛香料搭配成墨西哥辣粉。

辣椒好朋友

朝天椒：Hot Pepper

红色果实外形细小，皮薄辣味浓，可入菜或腌渍做酱佐食，日本地狱拉面就是以此辣椒搭配制作汤底。

青辣椒：Green chilli

辣椒尚未成熟时即采收，依品种不同而有不同的辣度，并非完全不辣，剥皮辣椒就是以此制作加工。

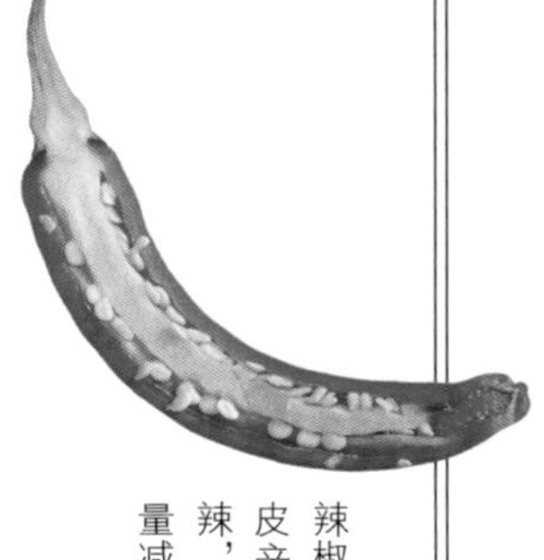

墨西哥辣椒：Jalapeno

原产于秘鲁及墨西哥，一开始是绿色，后期由绿转红，甜度逐渐提高，辣度降低。在拉丁美洲料理中被广泛使用，可做著名的墨西哥辣椒镶肉或搭配比萨食用。

辣椒果实中空，胎座及种子含有辛辣成分，果皮辛辣味较少。如果只想入菜配色，又不嗜辣，则可去除胎座及籽，起锅前再放入就能大量减少辣味。

卡宴辣椒：Cayenne

在全世界被称为卡宴辣椒的品种约有90种，因16世纪时5～6厘米的辣椒被流传到全世界，那时称其为“卡宴”，所以它不是一个品种，而是泛指红色的辣椒。目前台湾的卡宴辣椒最常以辣椒粉的形式应用于料理里，它相当耐热，即使久煮也不会影响风味。

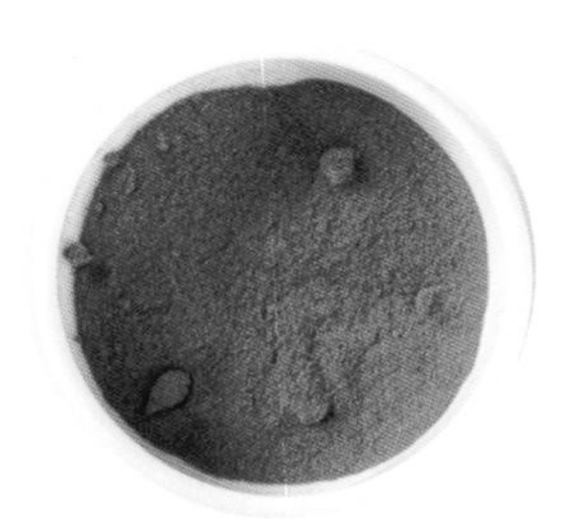

克什米尔红辣椒粉：Kashmiri red chilli powder

印度料理常用的辣椒粉，味道不辣，主要是帮助上色，也协助在腌制时让鸡肉的水分收干。做印度烤鸡时，就很适合以此辣椒粉协助上色。

红椒粉：paprika

红椒粉有西班牙红椒粉跟匈牙利红椒粉两种，都是微辣带甜。西班牙红椒粉的风味较淡，部分为烟熏干燥，带有烟熏味；匈牙利红椒粉味道浓郁且以日晒为主，没有烟熏味，可以和肉一起腌制或撒在蔬菜上进烤箱烤制，是非常好用且普及的辛香料，同时可以增色调味。

哈瓦那辣椒：Habanero

有惊人的辣度却同时拥有独特的水果芳香，一般都是晒干后使用或加工制成辣椒粉、辣油、辣酱、辣椒露。

干辣椒：Dried chilli

红色辣椒干燥后制成，颜色较暗、香气浓、辣味低，因含水量极低，适合长期保存，著名川菜宫保鸡丁就是以此入菜。

鹰爪辣椒：Cone pepper

外形呈钩的形状，如鹰爪般并因此得名。带有麻辣味，可切碎做成酱汁，不少日本拉面店的汤头也都会加鹰爪辣椒。

糯米椒：Sweet chilli

外形凹凸不平，没什么辣味，却有种特殊的辛香，可像青椒那样与肉丝、豆干等食材一起拌炒，或是单炒，还可以做成烤蔬菜。

通用香料

西班牙番茄风辣味肉酱面

厚实的牛肉以辛辣调味，搭配酸甜番茄及迷迭香，让肉的酱香气更有层次。

香料 卡宴辣椒粉 5 克、红椒粉 3 克、新鲜迷迭香 1 克（或干燥迷迭香 0.5 克）、白胡椒粉适量

材料 牛绞肉 200 克、洋葱 80 克、大蒜 10 克、罐头番茄碎 150 克、橄榄油 50 毫升、意大利面适量、盐适量

作法

1 煮一锅滚水，放入意大利面，煮熟后捞起备用（煮面水留着）。

2 将洋葱、大蒜、新鲜迷迭香切碎。

3 起锅，放入橄榄油并加入洋葱，炒到洋葱呈金黄后放入大蒜和迷迭香碎拌匀。

4 加入牛绞肉、卡宴辣椒粉、红椒粉拌炒，再加入番茄、盐、白胡椒粉、80 毫升煮面水，煮约 25 分钟，完成后淋在作法 1 的意大利面上，拌匀食用。

point /

若不吃牛肉，可用猪绞肉代替。

芥末 Mustard

Sinapis alba

温和的刺鼻香味，让人瞬间胃口大开

芥末酱 Mustard

芥末籽研磨后，加入水、醋或酒调制而成的黄色稠状物，有时也会添加如姜黄等香料来调色增香，或加上蜂蜜做成甜口味。较有名的有第戎芥末酱（Dijon Mustard），此为19世纪法国第戎一位名为Jean Naigeon的人以未成熟的酸葡萄汁替代原来配方中的醋而得，这使得第戎芥末酱声名大噪。不过它的名字未受法国AOC（原产地管制命名）保护，因此现在吃到的第戎芥末酱并非都在第戎制造。相较于加入大蒜与匈牙利红椒粉的美式芥末酱，第戎芥末的味道较温和优雅。

褐芥末 Brown mustard

褐芥末是各种芥末中较为辛辣的，其刺激强烈的特色是南亚人的最爱，常见于印度料理中，种子在热油里炒过之后，香气可增添食物风味。

料理　精油　药用

别名：芥子末、芥辣粉

产地：白芥末原产自欧洲南部及亚洲西部等，褐芥末原产于印度

利用部分：叶子、种子

芥末属十字花科植物，因带有辛辣香味，很早就被用来作为调味品，至今仍出现在许多地区的传统料理中。芥末籽在干燥时并没有明显的气味，但与水混合后即产生强烈刺鼻的辛辣味。

芥末籽即为芥菜的种子，大约两千年前，古罗马人开始将芥末种子磨成泥，与酒混合制成酱料，后来演化成我们今日使用的各种芥末酱。

↑ 白 / 黄芥末 White mustard

芥末植物品种繁多，其中常见的白芥末也称为黄芥末，辛辣度比褐芥末温和。白芥末籽适合制成腌渍品，叶子和花也可入菜。

← 黑芥末 Black mustard

味道浓烈呛鼻，因产量不多，常以褐芥末替代，印度料理常用。

↑ 芥末粉 Mustard powder

芥末籽加入水、糖、盐、面粉、姜黄等制成的粉末，可用来当肉类的腌料或撒在沙拉上调味，也可以直接加水或混合美乃滋、醋做成芥末酱。

保存

- 将芥末籽放置于密封玻璃瓶中冷藏储存，在未冷藏情况下储存久了味道会变苦。
- 将芥末籽浸泡在酒或醋里，味道可以更持久。
- 适合搭配成复方的香料：白芥末粉加入辣椒、姜黄、大蒜、醋等，即可制成美式风味芥末酱。

应用

- 芥末籽主要用来腌制或与蔬菜一起烹调。磨成芥末粉后可以用于调味，或与盐、醋及其他香料调制成芥末酱。
- 印度料理常以芥末籽过油爆香，或磨成粉做成咖喱。

PART 2

欧美料理的香料日常

薰衣草适合搭配羊肉、迷迭香可以煮巧克力、番红花是西班牙海鲜饭里优雅香气的来源、红椒粉则可以为料理增加漂亮的色泽……

饮食文化篇

不像亚洲菜系的鲜明呛辣，
欧洲人使用香料讲求平衡搭配的美感

文／涂郁

中世纪时，香料是欧洲贵族餐桌上的奢侈品。

十六世纪起，在葡萄牙、西班牙、荷兰、英国港口边，一艘艘从远洋归来的大船正卸着货，一桶桶沉重的木箱被运出，里面装的不是黄金就是香料。

香料在欧洲历史与对外贸易中一直占有重要的地位。中世纪时期，如胡椒、肉桂、豆蔻、番红花、香草这些来自神秘东方的珍稀香料们已拥有如黄金般贵重的价值。香料不只开化了欧洲人的餐桌，也开启了大航海的时代。这些弥漫东方色彩的香料纷纷占据贵族与皇室们的餐桌，成为奢侈品的代名词。当时的宴会料理，若没有使用大量香料调味，可不敢自称是高级料理呢！正因贵族们对于香料的痴迷，欧洲的高级料理曾有段时期流行着浓厚、香料气味重的口味，一直到新式料理（Nouvelle cuisine）出现为止。欧洲人的香料使用习惯随殖民地的拓展带到美洲，而运输业的发达也使得香料价格逐渐下降，除了少数如番红花、法国埃斯普莱特辣椒（espelette pepper）等仍然是香料界贵族外，大多香料都是所有人消费得起的了。

香料不只开化了欧洲人的餐桌，也开启了大航海时代。

交通的便利，使香料价格逐渐下降，不过番红花仍是香料界的贵族。

espelette pepper
法国埃斯普莱特辣椒

法国巴斯克地区著名的红辣椒，也是法国唯一获得 AOC 认证的辣椒。采收后需绑于绳子上日晒，2 ~ 3 个月后放进烤箱烘烤再研磨成粉末，香气浓郁，但辣度温和。当地人几乎吃什么都会加上一点，甚至泡热巧克力也是。巴斯克小镇因这种辣椒声名大噪，不少房子也以吊辣椒作为装饰，别有风情。

若有似无，让人猜不透的平衡搭配

起始于医学、宗教的香草与香料，也常用于其他用途，如以盛产香草著名的普罗旺斯地区的香氛包、马赛皂与保养品都是风靡全世界的纪念品。逛欧洲各城镇市集，总能看到蔬菜摊兼卖香草，或香料摊子上摆着几十种说不出名字的香料和香料腌渍物。当然，欧美各国都有各自使用香料的习惯，法国重视百里香、月桂叶、龙蒿、马郁兰、香芹、埃斯普莱特辣椒、杜松子；意大利多用罗勒、鼠尾草；北欧喜爱莳萝；西班牙爱用当地产的番红花、红椒粉、大蒜；墨西哥则热爱辣椒、牛至、香菜等。

不同文化背景对于香料的认知是有差异的，比起东方人来说，西方人普遍对于香料气味的感受温润保守，辣不会太辣、酸不会太酸。有别于亚洲菜系各种鲜明呛辣的口味，欧洲人使用香料于菜肴中尝起来多半有些若有似无，讲求各种味觉平衡搭配的美感。“这道菜应该加了肉豆蔻吧？”欧美菜吃起来总是让人无法那么肯定自己的猜测！

法国重视百里香、月桂叶；意大利人用罗勒、鼠尾草；北欧人爱莳萝；西班牙人喜欢番红花；墨西哥热爱牛至、辣椒……

欧洲人圣诞节喜欢喝的香料热红酒，可加入丁香、肉桂、豆蔻等香料，也可以苹果汁为主体做成无酒精版本。

在欧洲的市场里，有不少卖香料的摊子。图为西班牙的传统市场。

香料捉迷藏：从调酒、面包到乳酪调味

香料在欧美料理中蔓延的程度，不只用在咸味料理中。饮品中常见的古巴鸡尾酒莫吉托（mojito）使用柠檬、薄荷中和朗姆酒的烈性，西班牙水果酒（sangria）用肉桂棒增添红酒与水果味道的厚度，欧洲圣诞节必喝的香料热红酒以丁香、肉桂、八角、月桂叶、香草荚共同熬煮，以及各地的香草茶都是经典。甜点中使用的香草（vanilla），德法传统香料面包（pain d'epices）或美国圣诞姜饼人使用姜、肉桂、八角、肉豆蔻，西班牙油条（churros）不撒点肉桂粉仿佛就没那么好吃……香料的用法多到吃不完。

欧洲人爱乳酪成痴，现切现吃，调了味再吃！新鲜的软质乳酪是最常用于调味的乳酪，如法国白乳酪（fromage blanc），拌入橄榄油、盐、胡椒、马郁兰碎，搭配刚出炉的香酥脆饼，味道高雅；硬质乳酪则可搭配加了长胡椒碎、粉红胡椒或其他香料制成的酸甜酱（chutney，用葡萄干、杏桃干、苹果等制成）。鹅肝除了干煎，可以用各种特殊胡椒、香料调成喜欢的口味后，更能搭配那肥厚的滋味。

对欧美人来说，意大利细叶香芹、大蒜、辣椒、胡椒、香料油等，都是厨房里的浪漫好伙伴。

欧美香料的食用方式

在欧美地区，香草与辛香料潜藏在所有料理中，几乎无所不在，使用方式也不仅仅限于炖煮或拌沙拉等传统食用方式，香料在不同温度、时间点加入，与不同介质产生互动，都会影响料理的风味以及香气。

/炖煮/

慢火熬炖，是欧洲传统菜肴最经典的烹调方式之一，各种食材通过小火长时间烹调散发温润和谐的滋味。不论平民料理大杂烩或炖肉，都有香草入菜，或添加带有异国风味的昂贵辛香料。欧美的炖煮料理通常由香料来负责料理的变化，使单纯的鸡、猪、牛、羊肉衍生出千百种诱人的滋味。法国乃至于欧洲炖菜的基本步骤一般先煎肉、炒香调香蔬菜（洋葱、西芹、胡萝卜），再加入烹调液体（酒、水、高汤），接着是长时间小火慢炖，在最终上菜前还要调味。

慢火炖煮，让百里香、肉桂、丁香等的味道慢慢释放到食材里，是欧洲料理常用的手法之一。

炖菜料理加入香料的两个最佳时机

1. 加入烹调液体时，同步放入欲添加的香草梗、干燥辛香料或法国香草束（Bouquet garni）：干燥香料与植物茎干部分，都需要较长时间才能释放味道，但若太早加入，反而容易在干炒的过程中烧焦、产生焦味。炖煮过后，捞出已经无味的香草与蔬菜，剩下的就是充满香气的炖汁。

2. 上菜前：香草叶片的气味在切割或加热后很快就会消失，因此上菜前将先前预留的部分香草叶切碎撒上拌入，用余热烘托香气，增强和连接原本已煮入味的香料味，让人胃口大开！

/ 香醋、调味油 /

对热爱沙拉的欧美人来说，大蒜油、辣椒油、罗勒油、迷迭香油、松露油等调味油与香醋，是厨房里浪漫的好伙伴。简易的沙拉食材或清水烫蔬菜，拌入醋、调味油、盐、胡椒，既健康又美味。作法是将干净、表面干燥的香料，放入橄榄油或葡萄籽油中浸泡几周，直到入味后使用。香醋则可选择白酒醋、苹果醋等味道较淡者加入香草。调味油与醋，吸收香料中的淡雅香气，特别适合凉拌使用，也很适合在浓汤、意大利面、炖饭等热菜盛盘时略淋上一些，顿时香味四溢。

/ 腌制与盐渍 /

不只中式菜，将肉类事先腌制再烹煮的方式也存在于西洋料理中，如红酒炖牛肉、匈牙利炖牛肉等，提前一天或一小时先以腌制方式让食材入味。但腌制料理可不仅如此，盐渍鱼类或柑橘汁腌海鲜分别通过盐分的渗透，或柑橘中的柠檬酸使蛋白质熟化的作用，一边将食物转变为可食用的状态，一边将香料的气味带入，如北欧的盐渍鲑鱼。

以罗勒丝、柠檬汁、橄榄油、胡椒等制成的莎莎酱，配着面包一起吃，清爽又有饱足感。

/ 烟熏 /

烟熏料理也常会使用到香料，中式菜习惯用的茶熏、糖熏法，来到欧美就变成了香料烟熏。熏鱼、熏肉时用迷迭香、松针、百里香、鼠尾草、甘草等，都能让食材染上不同风味，也可以尝试烟熏马铃薯喔！

/ 沙拉或莎莎酱 /

生食香草植物能吃到其最原始的味道。欧洲人食用沙拉不只会加入蔬菜、水果、坚果、果干，也会取适量香草叶如生菜般直接拌入，提升沙拉风味层次的变化，如马郁兰、牛至、薄荷、罗勒、细香葱、酸模、水田芥等。或将墨西哥牛油果莎莎酱、番茄莎莎酱中必备的罗勒、香菜切丝（Chiffonade）或切碎加入菜肴中，清爽且地道。

/ 香料盐 /

煎肉前后使用香料，可轻易将香气送入肉中。准备煎肉热油时，在擦干的肉上撒盐、粗磨胡椒与香料调味，此时香料颗粒不要太小，因为煎熟过程中容易烧焦产生苦味。在煎肉的过程，在锅内加入大蒜、百里香、迷迭香、月桂叶等香草，香气会随着加热过程散发。上菜前，用盐之花、胡椒、柠檬皮屑、细香葱碎、红椒粉等想要的调味料适量混合，撒在煎熟的肉排边上，更是法式高级料理的小技巧。

/ 装饰 /

香草在欧美料理中还有一个重要功能——摆盘。每每看见撒满香草碎或香草束点缀的食物，都让人幻想来到古堡庄园用餐，或在乡野秘境中野餐。香草摆盘是有学问的，欧式料理中摆盘用的香草不是只选漂亮的用，通常还有这道料理中已使用

上菜前撒上切碎的香草叶，用余热来烘托香气，最后再淋上一点橄榄油便香气十足。

的香料提示，例如迷迭香芥末炖兔肉会用新鲜迷迭香摆盘，暗示酱汁与炖肉过程中曾经使用这种香料。经微波炉与烤箱干燥化的香草叶片，更是精致料理经常使用的摆盘原料。

累积经验，你也能运用自如

法式薰衣草蜂蜜烤鸭、西班牙海鲜饭、墨西哥牛至烤肉……香料被世界各地的主厨们创造出了无数的经典料理。即使欧美的香料与亚洲菜系味道颇为不同，但只要多尝试，累积使用经验，一样能够运用自如，为日常饮食增添浓浓异国风情。多感受不同香料与香草的味道，也许下次上餐厅用餐，你也能一口辨别出今天大厨到底私藏了什么秘方。

欧美料理常用香料一览

红椒粉

微辣带甜，可用来调色增香，欧美料理常使用的辛香料之一。有烟熏、无烟熏及不同的辣度可供选择，可和肉类一起腌制或撒在蔬菜上一同进烤箱。

胡椒

分为绿、黑、白、红四种（辣度逐渐降低），干燥磨粉后，常用于腌制或各式海鲜或肉类的调味，也可于起锅前撒上，用途很广。

金莲花

都是趁新鲜使用，不适合加热，可以直接把花放在沙拉或甜点上，带点芥末的辛辣味，咬到时会有惊喜。

茴香

和莳萝长相相似，但叶子更为细致，从茴香头到茴香叶都可用。欧美料理中常用来做沙拉或腌鱼；台湾料理则会用茴香来煎蛋，或整盘炒来吃。

香草荚

原本是绿色的，发酵后味道才会出来，市面上买到的都是发酵处理过的黑色香草荚。甜点中常使用，偶尔也会用在炖肉上，使用时要把香草荚内的香草籽刮下，剩下的荚可以和糖一起放在密封的罐子内做成香草糖。

龙蒿

味道比较重，适合用在海鲜里，尤其龙虾汤很喜欢加一点龙蒿，也可以和醋、橄榄油一起浸泡做成简易的龙蒿油醋酱，搭着沙拉一起吃，也可抹一点在鱼上去腥。蛋黄酱中加点龙蒿油醋酱一起打，可增加风味。

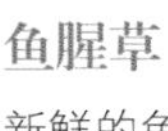

鱼腥草

新鲜的鱼腥草有鱼腥味，炖煮后腥味会消失，可到中药行买干燥的鱼腥草，和鸡汤一起炖煮或做成煎饼、鱼腥草茶。

细叶欧芹

也称为意大利欧芹，因味道较欧芹淡雅，更常出现在欧洲人的餐桌上，可做成沙拉、上桌前撒在汤上或剁碎加在肉里。

有时也会用作装饰，还可去腥，可撒在炖煮或烤好的海鲜上。

莳萝

有一股清凉的味道，很适合做鱼料理，或在汤上撒点碎叶。新鲜的嫩叶子可以用来做沙拉，和茴香长相与气味皆相似。

欧美料理常用香料一览

法国细叶欧芹（Chervil）

又名山萝卜，被喻为“美食家的欧芹”，是法国料理中不可或缺的香料，主要利用部位是嫩叶，可添加于沙拉、肉类及汤里。

马郁兰

属于味道较重的香料，重口味的食材都可驾驭，例如和羊排一起腌制，或是炖煮如青椒、红椒等重味道的蔬菜，也可搭配海鲜。

鼠尾草

味道较重且尝起来有淡淡的涩味与辣味，适合与鸡、鸭肉搭配或作为香肠的填充料。意大利人会用新鲜的鼠尾草拍打牛排后下锅煎，有杀菌防腐的效果。

柠檬马鞭草

马鞭草的种类多，最常食用的为柠檬马鞭草，带点柠檬味，通常拿来泡茶，或将茎叶切碎后与白肉一起烹煮，也可取代柠檬，加在糕点中或泡酒、泡醋使用。

甜罗勒

和九层塔味道相似，整体气味却更为温和，煎蛋、炖菜、煮汤、煎鱼、炒肉都可添加，同时也是意大利青酱的主要原料，是欧美的万用香料。在比萨上面摆几片一同烤也很香，可去腥味。

月桂叶

欧洲、地中海、中东、南洋地区烹饪中常用的香料。多用于煲汤、炖肉、做海鲜和蔬菜，通常是整片稍微撕碎，或连茎与其他香草绑成香草束一起入锅炖煮，能提香、去除肉腥味，并有防腐效果。

肉桂

常用来做甜点、炖水果或炖肉，比如圣诞节一定要喝的香料热红酒里一定有肉桂的香气，其他地区的料理也常用，如台式卤包、印度咖喱等。

薄荷

常用来泡茶或直接加在白开水里做成薄荷水。叶子剁碎可做酱汁，也可以放在沙拉上，另可与猪肉一起腌制，去除腥味。不能久煮，如果喜欢薄荷味道，可以在料理的最后撒上去增味。

迷迭香

很适合腌制牛肉和羊肉，要稍微剁碎味道才容易出来，不能放多，容易有苦味。很多人都不知道，迷迭香和巧克力是绝配，喝热巧克力时放一点，可提升巧克力的香气。

蒲公英

国外常用蒲公英来做沙拉，可去腥味，因其本身带点淡淡苦味，也能拌肉做饺子馅，味道会有点像西洋菜，营养丰富。

芝麻叶

适合做沙拉，吃起来有淡淡的辛香，带点芝麻的味道，不适合烹调，做成沙拉，拌一拌配油醋吃最适合。

番红花

西班牙国宝，著名的西班牙海鲜饭、法国马赛浓汤里的重要香料。价格不菲，可以去海鲜的腥味，煮肉类较不适合。

牛至

带点凉凉的味道，适合用在肉类与海鲜中，比如做肉酱时放一点牛至可去腥，也可以在炖肉、炖蔬菜或烤蔬菜时加一点。

百里香

海鲜、肉类、蔬菜都适合，是很普及的万用香料，但和迷迭香一样，放多容易苦。通常就是用来做炖菜或煮汤。干燥百里香碎可于最后撒上，增加料理香气。

薰衣草

花的味道较重，通常拿来泡茶，叶子则可拿来做料理，可去海鲜的腥味，也很适合搭配羊肉一起烤，和甜点也很搭，可安定神经。

天竺葵

有淡淡的芳香，通常都是做甜点、饮料使用。

欧芹

叶子可剁碎和奶油（牛油）拌一拌成为面包抹酱，梗可拿来煮汤，不过不能久煮，约15分钟就要取出，可提鸡汤的鲜味。因叶子漂亮，也有人拿来作为餐盘摆饰。

辣根

可去腥解腻，配着炸鱼条一起吃或烤牛肉时放一点在旁边，还可做蘸酱或加一点打发的鲜奶油拌一拌成辣根奶油酱。

杜松子

杜松树的果实，小小一颗，可去腥，同时也是琴酒的原料。主要会用在肉类的炖煮或腌制上（如羊肉、鹿肉），也是德国酸菜里一定要加的香料。西方人做火腿、培根时也喜欢加杜松子，把肉类的味道提出来。

普罗旺斯综合香料

法国南部的普罗旺斯，气候宜人，出产许多种香料，居民将其制成“普罗旺斯香料”。清香芬芳却很温和，适合搭配肉类，像普罗旺斯红酒炖牛肉、乡村蔬菜炖肉，当然加在烤综合蔬菜里也很美味，可说是万用香料。

香料 新鲜迷迭香 2 克、新鲜马郁兰 2 克、新鲜百里香 2 克、罗勒 3 克、月桂叶 1/2 片、薰衣草 2 克

作法

全部切碎后混合均匀即可。

point

可用干燥迷迭香 1 克、干燥马郁兰 1 克、干燥百里香 1 克替代新鲜香草，只要全部混合均匀即可。

意大利综合香料

意大利的家常味，香气强烈，很适合用在肉类上，如羊排、牛肉，意大利肉酱就是经典菜之一。将所有香料磨碎混合，随手撒一点，就让料理充满异国风味，若与初榨橄榄油混合浸泡入味，就变成可以抹面包的意大利香料油。

·腌肉、酱汁、汤

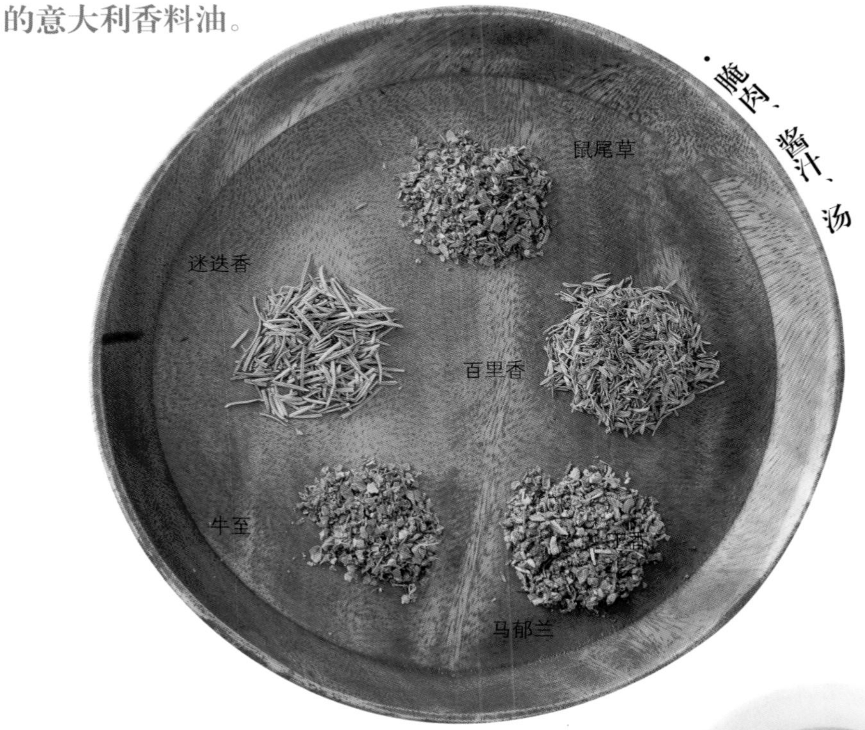

香料 干燥迷迭香 0.5 克、干燥百里香 0.5 克、干燥鼠尾草 0.5 克、干燥牛至 1 克、干燥马郁兰 1 克

作法

全部混合均匀即可。

＊可以一次做多一点，以干燥密封玻璃罐保存。依个人喜好适量取用。

point

如果家中种有新鲜香草，可用新鲜的替代，其芳香精油味更好、更自然，分量如下：

迷迭香 1 克、百里香 1 克、鼠尾草 1 克、牛至 2 克、马郁兰 2 克，全部切碎混合均匀即可，但用新鲜香料制作不能久放，得当天用完。

美式肯琼综合香料 cajun spices

肯琼香料粉是美国新奥尔良地区的代表香料，最适合用在肉类料理的腌制调味中，著名的肯琼牛排、新奥尔良烤鸡都是以此浓郁微辣的辛香料来提出肉的香甜。

·腌肉

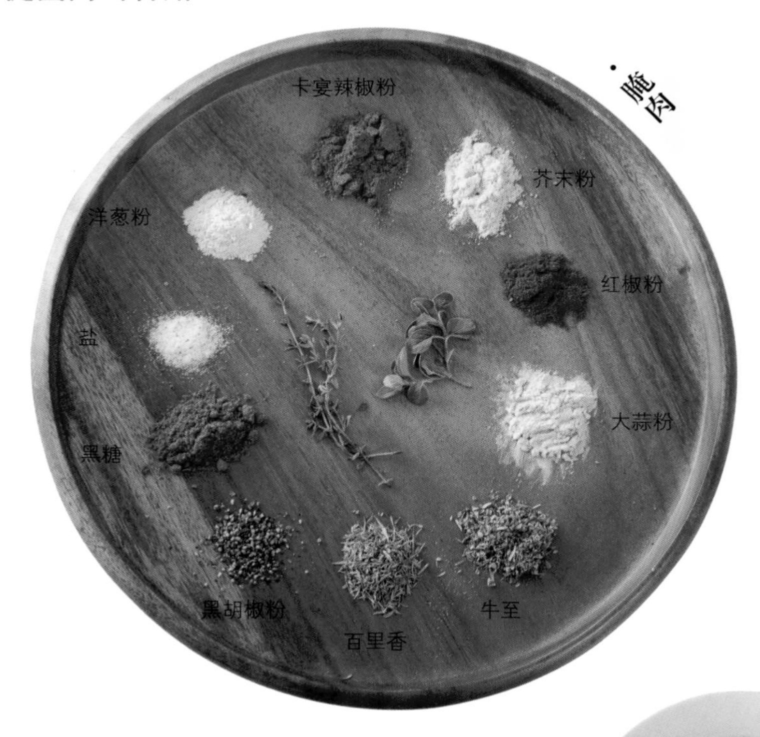

香料 红椒粉 50 克、卡宴辣椒粉 8 克、芥末粉 15 克、洋葱粉 10 克、大蒜粉 10 克、黑胡椒粉 50 克、干燥百里香 4 克、干燥牛至 4 克

材料 盐 10 克、黑糖 50 克

作法

将全部材料混合均匀即可。

point

干燥百里香可用新鲜百里香叶 5 克替代，干燥牛至可用新鲜牛至叶 5 克替代。使用新鲜的香草味道会更好，如果采用新鲜香草请先切碎后再混合。

延伸料理

新奥尔良烤猪肋排

只要学会肯琼综合香料，经典名菜一点也不难。

以美式肯琼综合香料涂抹在肋排上调味，就能轻松做出美式餐厅里常吃到的新奥尔良风味烤肋排！把猪肉替换成鸡肉，就可摇身一变为著名的新奥尔良烤鸡，相同作法以鸡翅为主材料，再佐蓝纹芝士酱食用，就成为「水牛城辣鸡翅」！

材料 猪肋排 450 克、洋葱 80 克、胡萝卜 80 克、西芹 80 克、蒜苗 50 克、白酒 60 毫升、粗盐 15 克、水 2 升

香料 美式肯琼综合香料适量（依个人喜好）、黑胡椒粒 5 克、月桂叶 1 片

作法

1 将所有蔬菜切成大丁，和猪肋排、水、白酒、粗盐、黑胡椒粒、月桂叶用大火煮至滚后，转小火慢煮到猪肋排熟，再捞起备用。

2 将肯琼香料粉均匀涂抹在猪肋排上，放入已预热的烤箱中，以 220 度烤约 15 分钟至上色即可。

point

在煮猪肋排的水里加粗盐，可让淡淡的盐味提出肉的甜味，所以香料粉不用刻意久腌，直接入烤箱烤至上色和香气散出时即可。

香料油

柠檬马鞭草油

用途 拌沙拉

材料 柠檬马鞭草3支
橄榄油250毫升

作法

1 将柠檬马鞭草洗净，用纸巾按压干。
2 将柠檬马鞭草放在锅中，加入橄榄油。
3 加热至起微泡，关火静置放凉即可。
4 密封并放在通风阴凉处储存，不碰水可放2星期。

迷迭香大蒜辣椒油

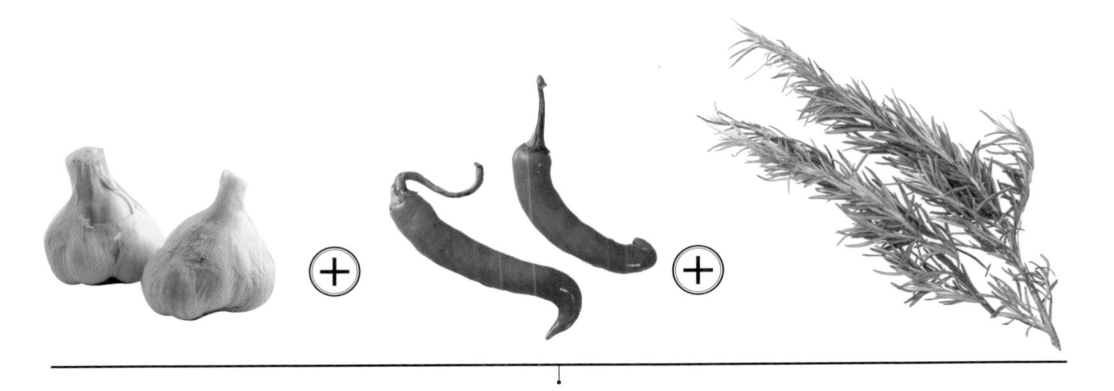

point

加了迷迭香，让大蒜与辣椒的味道又多了一个层次。

用途 涂面包

材料 新鲜迷迭香 2 支
大蒜 3 瓣
红辣椒 2 支
橄榄油 250 毫升

作法

1 将迷迭香轻轻冲洗，用纸巾按压干。
2 将大蒜稍微拍碎后备用，红辣椒也拍开。
3 把迷迭香与大蒜、红辣椒放进锅中，加入橄榄油，加热至起微泡，关火静置放凉即可食用。
4 密封并放在通风阴凉处储存，不碰水可放 2 星期。

迷迭香鼠尾草海盐

用途 鸡肉调味

香料 迷迭香 30 克
鼠尾草 30 克
带皮大蒜 2 粒
海盐 200 克

作法

1 将迷迭香、鼠尾草洗净，擦干水并剪成小段。

2 干锅加热后，加入海盐干炒 1 分钟。

3 再加入带皮大蒜、迷迭香、鼠尾草以小火炒至叶片变干即可起锅，摊平降温。

4 密封并放在干燥通风处，可放 2 ~ 3 星期。

综合香草盐

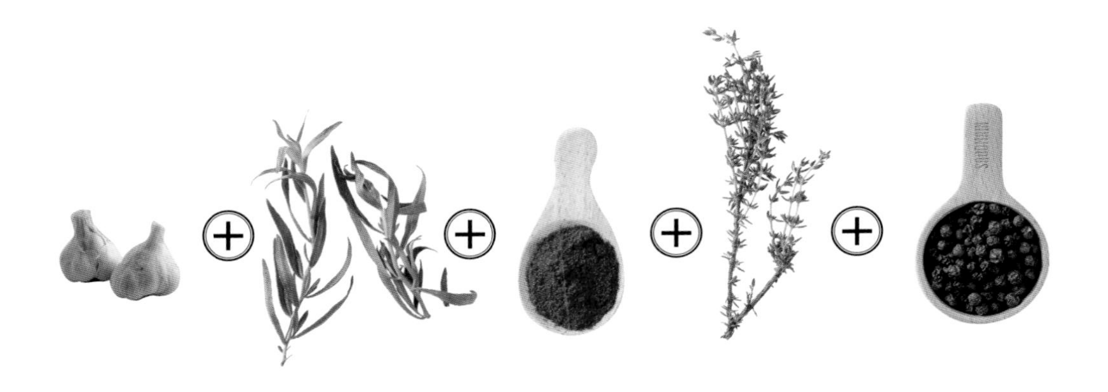

用途 海鲜调味

香料 百里香 30 克
龙蒿 20 克
红椒粉 5 克
黑胡椒粒 10 克
带皮大蒜 2 粒
海盐 200 克

作法

1. 将百里香、龙蒿洗净，擦干水并剪成小段。
2. 干锅加热后，加入海盐干炒1 分钟。
3. 再加入带皮大蒜、百里香、黑胡椒粒、龙蒿、红椒粉一起炒至叶片变干，即可起锅摊平降温。
4. 密封并放在干燥通风处，可放 2 ~ 3 星期。

point

将做好的香料盐放入密封罐里，需要时随时取用，即可为料理增香提味。

香草束做高汤

西式鸡高汤

材料

烫过的鸡骨 250 克
洋葱 50 克
胡萝卜 30 克
西芹 50 克
青蒜苗 30 克
水 2 升
棉绳 1 条

香料

月桂叶 1 片
百里香 1 克
黑胡椒粒 5 粒
欧芹 2 克

point

鸡骨也可用鲈鱼骨替代，做完鲈鱼后，剩下来的鲈鱼骨即可熬成鱼高汤。

作法

1 将材料里的蔬菜都切成块，要留一段西芹和青蒜苗叶。

2 取一支西芹，在中间凹槽处放入百里香、欧芹、黑胡椒粒、月桂叶，用青蒜苗叶和棉绳绑成香草束。

3 将鸡骨、蔬菜块、香草束放入水里，大火煮滚，再转小火煮 30 分钟后，过滤高汤即可。

法式香草束蔬菜肉锅 Pot-au-feu

材料 牛肩肉 180 克、鸡腿肉（带骨）160 克、牛骨 180 克、马铃薯 80 克、洋葱 80 克、西芹 30 克、青蒜苗 30 克、白萝卜 60 克、胡萝卜 60 克、水 2 升、丁香 2 粒、大蒜 2 粒、小酸瓜 3 条

香草束 西芹 1 小根、青蒜苗 30 克、欧芹 5 克、黑胡椒粒 3 克、新鲜百里香叶 2 克（或干燥百里香叶 1 克）、新鲜月桂叶 2 片（或干燥月桂叶 1 片）

调味料 粗盐 30 克

作法

1 取一支西芹，于中间凹槽处放入百里香、黑胡椒粒、月桂叶、欧芹根，最后用青蒜苗叶包好，以线绳绑好固定，即为香草束。

2 将牛肩肉、牛骨及 1.5 升的水入汤锅中，以小火慢煮约 2 小时，加入鸡腿与切段的洋葱、西芹、白萝卜、胡萝卜、蒜苗白。

3 将香草束放入作法 2 汤锅里煮出味道，再放入大蒜、丁香略煮一下，最后以粗盐调味，起锅后放一小碟酸黄瓜在旁佐食即可。

延伸料理

以香草束入汤可去除肉腥味，更可将全部食材的味道提出。这道料理是传统的法国火锅，本是不调味的，直接佐酸黄瓜食用，但可以依个人的习惯，加入少量粗盐淡淡调味。

point

如果将新鲜香草替换成干燥香料，分量则减为新鲜的一半。

经典菜

西班牙海鲜饭

地中海菜系的代表西班牙海鲜饭，香料少一味都不行，尤其「番红花」是重点，淡淡果香味与其他香料一起让海鲜饭染上漂亮的黄色，地道的作法是用深度不超过5厘米的平底浅口大圆双耳锅盛装，器皿香气皆诱人。

材料 艮米100克、鸡腿肉丁（或猪肉丁）80克、小卷50克、鲜虾6只、蛤蜊8个、红甜椒丁30克、番茄碎60克、洋葱碎30克、青豆仁10克、大蒜碎10克、柠檬1/4颗、橄榄油30毫升、高汤450毫升

香料 番红花1克、新鲜牛至叶3克（或干燥牛至2克）、红椒粉5克、辣椒粉5克、小茴香粉3克、白胡椒粉适量

调味料 盐适量

作法

1 在平底锅中倒入橄榄油炒香洋葱碎、大蒜碎，再加入鸡腿肉丁、小卷、鲜虾、蛤蜊翻炒均匀，先倒在盘中备用。

2 以原锅加入艮米炒，再加入红甜椒丁、番茄碎拌炒。

3 加入高汤炖煮约10分钟，加入作法1的半成品和所有香料、盐，拌匀后放入烤皿中，加盖。

4 烤皿加盖入烤箱里以180度烤约10分钟，取出加入青豆仁拌匀即可，用餐时可在旁边摆上一角柠檬。

point

艮米耐煮，美味的海鲜饭，要让饭粒吸饱汤汁，建议用西班牙米或意大利米，此皆为耐煮的艮米（short-Grain Rice），吸汁能力强，煮后不软烂黏稠，仍有口感。

西西里白酒酸豆海瓜子

意大利综合香料清香芬芳的风味很适合用在海鲜和肉类中，再搭配西西里的特产酸豆，不仅能去除海瓜子的海腥味，更能开胃。

point

也可用干燥罗勒做，分量改为 1 克。

材料 海瓜子（或文蛤）160 克、番茄 25 克、酸豆 5 克、大蒜 10 克、洋葱 10 克、白酒 30 毫升、橄榄油 30 毫升

香料 罗勒 3 克、红辣椒 5 克、意大利综合香料适量、白胡椒粉适量

调味料 盐适量

作法

1 番茄底部用刀尖轻画十字，以滚水烫过，去皮、切小丁备用。

2 大蒜、洋葱、红辣椒切碎，罗勒切丝备用。

3 锅中放入橄榄油，炒香大蒜、洋葱、红辣椒碎，再放入海瓜子略拌匀。

4 放入番茄丁、酸豆、意大利综合香料、白酒、盐、白胡椒粉拌炒均匀；等海瓜子开口，起锅前撒上罗勒叶丝即可。

拿坡里水煮鱼

材料 鲷鱼（或鲈鱼）180 克、蛤蜊 250 克、洋葱碎 80 克、大蒜碎 5 克、小番茄 10 颗、白酒 200 毫升、橄榄油 30 毫升

香料 小辣椒碎 2 支、欧芹碎 3 克、新鲜迷迭香 1 克、新鲜百里香 1 克、新鲜鼠尾草 1 克、新鲜牛至 2 克、新鲜马郁兰 2 克、白胡椒粉适量

调味料 盐适量

作法

1. 除小辣椒碎、新鲜欧芹、白胡椒外，将所有香料全部混合成意大利综合香料。
2. 鲷鱼洗净后，表皮轻划刀，再撒上盐、白胡椒粉。
3. 在煎锅中放入橄榄油，摆上鲷鱼以小火煎至两面上色后盛起，再放入洋葱碎、大蒜碎、小辣椒碎炒香，最后加入小番茄和白酒略盖过鱼身，盖上锅盖炖煮约 10 分钟。
4. 加入蛤蜊、意大利综合香料煮至蛤蜊开口，再放入欧芹碎即可。

原名 Acqua pazza，是意大利简易渔夫料理，以口感温和的意大利综合香料调味的白肉鱼与橄榄油、番茄同煮，是海洋与阳光结合的滋味，清爽鲜美。

point

如果将新鲜欧芹替换成干燥欧芹，分量则改为 2 克。

普罗旺斯炖菜

普罗旺斯炖菜源于尼斯（Nice），又名尼斯炖菜。以小镇自产的蔬菜、香料煮成一锅，利用综合香料引出蔬菜的甜味，散发出来的香气顿时让人以为身在南欧。

材料 洋葱 50 克、大蒜 10 克、绿节瓜 30 克、黄节瓜 30 克、红甜椒 20 克、黄甜椒 20 克、青椒 20 克、茄子 30 克、番茄 50 克、浓缩番茄碎 120 克、橄榄油 30 毫升

香料 百里香 1 克、薄荷 1 克、牛至 2 克、迷迭香 1 克、罗勒 2 克、白胡椒粉适量

调味料 盐

作法

1 把所有香料拌在一起即为普罗旺斯综合香料。

2 洋葱、大蒜切碎，绿、黄节瓜，红、黄甜椒，青椒，茄子，番茄切小丁备用。

3 起锅放入橄榄油，炒香大蒜、洋葱碎，放入绿、黄节瓜，红、黄甜椒，青椒，茄子，番茄，再加入浓缩番茄碎转小火慢炖。

4 把普罗旺斯综合香料加入作法 3 的炖菜中小火慢炖，起锅前以盐、白胡椒粉调味即可。

欧美料理常用香料

红椒粉

Paprika

Capsicum annuum

香甜不辣，
料理的天然红色素

料理　染色

别名： 红甜椒粉、甜椒粉

产地： 西班牙、匈牙利

利用部位： 果实

含胡萝卜素、辣椒素等，能驱寒去湿、消除疲劳、增进食欲、促进肠胃消化，更含有丰富维生素C，有很好的抗氧化效果。

以红甜椒烘干后研磨制成的粉末，有别于辛呛的辣椒粉，味道不辣，口味略偏甜味，因有着浓郁香气和鲜艳色彩，大多用在料理的调味或调色装饰上，是配色增香的最佳香料。

市面上有匈牙利红椒粉和西班牙红椒粉两种，两者用的甜椒品种和制法不同，西班牙红椒粉多以火烤烘干，带有烟熏味；匈牙利红椒粉则以日晒处理，红椒粉本身的味道浓郁，购买时可选辣度与是否有烟熏味的，可用在煮汤、沙拉或烧烤上，闻起来辛香，但微甜且辣度不高。

应用

入菜料理，为食物增色。

保存

以密封罐盛装，放在阴凉、不被太阳直射处。

微甜不辣的红椒粉，与鸡肉最搭，相当耐煮，且香气持久不散，让料理更能入味。

欧美香料

红椒鸡腿佐鸡豆莎莎酱

香料　红椒粉 5 克、红葱头碎 10 克、新鲜迷迭香碎 1 克（或干燥迷迭香 0.5 克）、红辣椒碎 5 克、白胡椒粉适量

材料　去骨鸡腿 250 克、煮好的鸡豆 100 克、番茄丁 40 克、洋葱碎 20 克、柠檬汁 10 毫升、橄榄油 60 毫升

调味料　盐适量

作法

1. 将红椒粉、盐、白胡椒粉混合好，均匀抹在去骨鸡腿肉上，腌约 15 分钟。
2. 将柠檬汁、盐、白胡椒粉调均匀后，加入鸡豆、迷迭香、洋葱、红葱头、红辣椒、番茄和一半橄榄油，拌成鸡豆莎莎酱。
3. 热锅，加入另一半橄榄油，再以鸡皮朝下的方式放入作法 1 中的鸡腿，以中小火煎至皮脆后，翻面煎至全熟。
4. 将煎好的鸡腿放在鸡豆莎莎酱上即可。

番红花

Saffron

Crocus sativus

饮料　料理　药用　观赏　染色

别名：藏红花、西红花

产地：原产欧洲南部，现以伊朗为大宗

利用部位：花蕊柱头

番红花具镇静、补血、活血去瘀等功效，中世纪的欧洲人以番红花治疗咳嗽和感冒等；也有促进子宫收缩的作用，中医上用于治疗妇科疾病，但孕妇不宜食用，以免流产。

番红花又称为“红金”，利用部位为紫花中的三根深红色雌蕊，早期价格直逼黄金，约要用一万五千朵花才能收集到一百克的番红花。用炭火将雌蕊烤干有股淡淡香气，可作为食品香料、料理上色或药用，还能萃取番红花精油，滋润美容，可说是全球最贵的香料草药，更是最高档的天然染料，有“香料女王”的称号。

番红花目前分为四个等级，色泽全红为最高级，次级为根部带点黄，再是半黄半红，最次级为粉末状。等级愈高气味愈浓郁，最鲜艳饱满者，使用少量就能快速溶出汁液，耐煮味道好，当然价格也最高。

应用

- 主要用于调味和上色，最有名的菜色如西班牙海鲜饭。
- 冲泡花草茶，可养颜美容，改善手脚冰冷的状况。
- 使用前须先以水浸泡 10 ~ 15 分钟，待香气与颜色释出，再以番红花水入菜料理（番红花可食，不用特别过滤）。

保存

密封装好，置于阴凉处即可。

番红花 VS. 川红花

番红花

鸢尾科番红花属，又名藏红花，价格昂贵，干燥后呈鲜艳的紫红色或暗红色，细看柱头，品质好的会分裂成 3 瓣，有着淡雅高贵的花香。

川红花

菊科草本植物，又称红花、草红花，价格平实，干燥后呈鲜红或深橘红，质地柔软味道较重，是有助改善妇科病的中药材，能泡茶、制红花酒、为料理上色，也可浸入温水泡脚，可促进血液循环。

point /

海鲜食材可依个人喜好选择，鲈鱼肉可用鲷鱼肉替换；
草虾可用鲜虾替换；蛤蜊可用淡菜替换。

法式马赛鲜鱼汤

番红花是马赛鲜鱼汤不能缺少的香料，能帮海鲜提味，更带有花香，风味层次丰富，还有增色作用，能让汤品带有金黄色泽。

香料 番红花 1.5 克、八角 2 颗、黑胡椒粒 5 克

材料 鲈鱼肉 280 克、草虾 2 只、蛤蜊 6 个、大蒜 15 克、干葱 15 克、洋葱 40 克、蒜苗白 30 克、胡萝卜 20 克、番茄汁 80 毫升、番茄 20 克、西芹 20 克、水 600 毫升、橄榄油 50 毫升、白酒 50 毫升

调味料 盐适量

作法

1. 鲈鱼肉切成 6 片，大蒜、干葱、蒜苗白、胡萝卜、番茄、西芹、洋葱切成片。
2. 把作法 1 的食材和番红花、八角、黑胡椒粒、白酒一起腌 2 小时后，将食材取出沥干，腌汁留下。
3. 热锅，放入少许橄榄油，先炒香作法 2 的蔬菜，洋葱呈金黄色后，加入水、作法 2 的腌汁、番茄汁以小火慢煮约 40 分钟。
4. 将作法 3 过滤成清汤，放入草虾及鲈鱼，最后加入蛤蜊，煮熟以盐调味即可。

如何分辨真假番红花

番红花价格昂贵，因此坊间常见将玉米须或黄花菜染色以假乱真。想判断是否为真，可取少许浸泡于温水中，若水呈红色且样品褪色即为假的番红花，真品水呈鲜橙金黄色，无油状漂浮物。也可在水里拌一拌，容易断裂的为赝品或次级品。

百里香

Thyme

Thymus vulgaris

适合海鲜、肉类、蔬菜的百搭香料，需长时间炖煮让香气释放

饮料　料理　香氛　药用

别名：直立百里香、麝香百里香

产地：法国、西班牙、地中海和埃及

利用部位：茎、叶

百里香可防腐、抗菌、抗病毒，有效去除头皮屑，还能治疗感冒咳嗽、喉咙疼痛，是西方的药草。提炼的精油有甜而强烈的香气，运用在芳香疗法中能振奋人心，滴入热水泡脚或泡澡，还可刺激血液循环、恢复体力，除脚臭。

百里香气味清香优雅，英文名来自希腊文 Thumos，有充满力量的意思，是具有食用和药用的香草植物，被广泛运用于烹饪、养生花草茶及芳香精油。

其所含的百里酚是散发香气及防腐功能的来源，香味越浓，杀菌防腐功效就越显著。干燥后麝香气味会比新鲜的更强烈，可切碎后加在炖肉、蛋或汤中调味。百里香的香味需要较长时间才会彻底释放，最适合久炖的料理，排盘做装饰也很美丽，餐后来杯百里香茶能帮助消化，是欧美厨房最常见的食用香草植物。唯高血压患者及孕妇不能使用。

应 用

- 新鲜百里香可加入鱼、肉、蔬菜中腌制、炖煮或烧烤；干燥百里香可于料理最后撒上提香，拿捏准确不要过量，加多容易有苦味。
- 可泡花茶、做布丁奶酪，或与橙汁红酒一起煮成香料热红酒。
- 萃取提炼出的精油，可提振精神、活跃思绪，并广泛运用在沐浴保养品中。

保 存

- 新鲜百里香叶以白报纸包好，再加一层塑胶袋，置于冰箱冷藏。
- 干燥百里香装罐，置于干燥通风处。

适合搭配成复方的香料

与迷迭香、鼠尾草、风轮菜、茴香、薰衣草和其他香草植物搭配，绑成普罗旺斯香草束。

欧美香料

粉煎百里香鸡排佐柠檬

百里香气味芳香又耐久煮，和鸡排搭配能融合出丰富多元的清爽滋味。

香料 新鲜百里香叶 3 克或干燥百里香叶 2 克、白胡椒粉适量

材料 鸡胸肉 160 克、中筋面粉 60 克、鸡蛋 1 颗、面包粉 80 克、奶油 50 克、橄榄油 15 毫升、柠檬 1/2 颗

调味料 盐适量

作法

1 于鸡胸肉上撒盐、白胡椒粉备用。

2 百里香叶切碎和面包粉拌匀。

3 将作法 1 的鸡胸肉依序蘸上蛋液、面粉、百里香面包粉。

4 热锅，放入橄榄油、奶油烧热，摆上作法 3 的鸡胸肉以中小火将两面煎至上色。

5 放入已预热的烤箱中以 180 度烤约 8 分钟。

6 将鸡排摆盘，一旁放上柠檬，食用前挤汁佐食即可。

迷迭香

Rosemary

Rosmarinus officinalis

饮料 料理 香氛 驱虫 药用

别名： 海洋之露

产地： 原产于地中海地区

利用部位： 茎、叶、花

可消除肉类、海鲜腥味，还能净化空气的万能香草

保存

新鲜植栽最好，若离土则以白报纸包好置入冰箱冷藏保鲜约 2 ~ 3 日。

干燥迷迭香密封装好，置于阴凉通风，不被太阳直射处。

迷迭香气味清新，有镇定、提神醒脑、促进消化的功效。萃取出的芳香精油能改善头皮问题，预防早期掉发，加入热水中泡澡，还能促进血液循环，舒缓肌肉紧绷。

外形如针叶树般的迷迭香叶，用手搓揉就能闻到带有穿透力的馥郁精油香，英文名是由 ros 和 marinus 两个拉丁文演变而来，意思是“海洋之露”，只要有海上的露水就能存活，相当耐旱，很容易照顾，很多欧美人都会在自家阳台种上一盆，想用时随手摘取就好。其味道甜中带些微苦，常被用在烹饪上，可单独用于肉鱼海鲜以消除腥味，亦可在做面包时加入，泡成花草茶喝来则有少许酸味，但香气能让人舒压放松，古代人认为迷迭香能增强记忆，也是目前公认具有抗氧化作用的香草植物。

应 用

- 新鲜或干燥迷迭香可用于鱼肉腌制，去腥增香，如香煎迷迭香鸡腿。亦可与橄榄油、醋或盐分别制成料理用的香草油、香草醋及香草盐，增加料理风味。
- 干燥迷迭香叶可当成天然的室内芳香剂，净化空气。
- 新鲜迷迭香萃取出的精油，可运用在香水、香皂、洗发精、化妆保养品等中。
- 迷迭香要剁碎后味道才会散发出来，但放多易苦，通常 100 克的食材用 2 克的迷迭香即可。

迷迭香花

迷迭香分直立迷迭香和匍匐迷迭香两种，直立迷迭香气味浓郁，料理上较常用，开的是白色小花。

欧美香料

欧式牛肉串佐迷迭香巧克力酱

很多人都不知道，迷迭香不只可以搭配肉类，和巧克力也是绝配！只要加一点，不但不会互相抢味，还可以提升巧克力原有香气。

香料 新鲜迷迭香 3 克、白胡椒粉适量

材料 牛五花肉 180 克、橄榄油 80 毫升、竹签 6 支

调味料 黑巧克力 125 克、盐适量

作法

1 将牛五花肉切小块，迷迭香取 6 支嫩叶，其他切碎。

2 将牛五花肉块用竹签穿起，每串插 1 支嫩叶，并在肉上撒盐、白胡椒粉。

3 将黑巧克力隔水加热搅拌融化，加入迷迭香碎和 50 毫升橄榄油制成巧克力酱。

4 热锅，加入橄榄油 30 毫升，以大火煎牛肉串，四面煎成金黄色即可起锅摆盘，在一旁附上迷迭香巧克力酱即可。

point／

黑巧克力以可可含量 70％以上的最好，避免太过甜腻。

薰衣草

Lavender

Lavandula

浪漫甜香紫色小花，是能助眠的芳香药草

饮料　料理　香氛　驱虫　药用

别名：香浴草

产地：原产于地中海沿岸，后以法国普罗旺斯、日本北海道、俄罗斯高加索山一带、中国伊犁河谷为世界四大产地。

利用部位：茎、叶、花

干薰衣草

薰衣草自古广泛用于医疗，茎叶皆可入药，除辅助入眠、舒解压力外，还可健胃、止痛，是治疗感冒、腹痛、湿疹的良药，尤其适合任何皮肤，可加速烫灼、晒伤的伤口愈合，还可平衡油脂分泌以改善粉刺、脓疱。

薰衣草是有淡紫色小花的香草，气味芬芳，精油含量丰富，只需用手轻搓就能闻到馨香甜味，又被称为“宁静的香水植物”。远从古罗马时代就开始栽种，常作为沐浴或洗衣服的天然添香料，因此以拉丁文的“lavare”（洁净、洗净）来命名。目前全世界约有28个品种，最常见的有甜薰衣草、羽叶薰衣草、齿叶薰衣草、真薰衣草四种。其气味主因富含乙酸沉香酯、芳樟醇及桉树脑，具有镇定安神之效，新鲜的叶和花可冲泡花草茶，作为调味食物的辛香料，干燥花束放在房间不只是漂亮装饰，还可以驱虫，相当万用。但薰衣草有催经作用，孕妇禁用。

应用

- 薰衣草全株都可用，干燥花苞可泡茶及做成薰衣草果酱，亦可作为烘焙蛋糕的材料及装饰物，磨粉后可做成调味香料。
- 新鲜茎叶是烹调海鲜的调味料，和羊肉搭配也很适合，可一同腌制或烧烤。
- 干燥花苞还可做成香包放在衣柜内，清香防虫蛀，摆放枕边闻香可助眠。
- 萃取成精油，亦可制成各种沐浴保养品，更是香水原料。

保存

风干后干燥保存最好。花苞的气味会更浓郁，茎叶则会变淡。

适合搭配成复方的香料

可与迷迭香、黑胡椒搭配作为腌肉香料。或与迷迭香、马郁兰、百里香、罗勒、月桂叶搭配成普罗旺斯综合香料。

欧美香料

蒜香薰衣草鲜虾

很多人都不知道，薰衣草的味道很适合用于带壳类的海鲜，起锅前撒一些再充分拌匀，就能让料理多些不一样的味道，吃来也会满口馨香。

香料 新鲜薰衣草 5 克、白胡椒粉适量

材料 鲜虾 180 克、大蒜 5 克、白酒 80 毫升、橄榄油 15 毫升

调味料 盐适量

作法

1 鲜虾先剪去虾须，将新鲜薰衣草和大蒜切末。

2 起锅放入橄榄油，以中火煎鲜虾至两面上色，放入大蒜末、白酒、盐、白胡椒粉拌均匀。

3 最后加入新鲜薰衣草末拌均匀即可。

point

如果没有新鲜薰衣草，也可用干燥薰衣草 3 克代替。

牛至

Oregano

Origanum vulgare

芳香独特，是比萨不可少的香料

饮料　料理　香氛　药用

别名：奥勒冈、花薄荷、披萨草、野马郁兰、奥瑞冈

产地：原产于地中海沿岸、北非及西亚

利用部位：茎、花、叶

牛至本身可杀菌解毒、助消化，外敷还可治疗跌打损伤；提炼成精油，滴入热水沐浴泡澡，可消除疲劳。

牛至是生长在希腊等地中海山区的香草，其独特的浓郁香气来自本身所含的香芹酚精油成分，有点类似紫苏或柠檬的清香，可预防感冒、缓解消化系统病症，是药草与香料功能齐具的芳香植物。在烹调上与番茄相当搭配，常用于烧烤食物的调味，最常用于番茄口味的比萨上，所以又有披萨草的别名，是意大利厨房常用的香料草之一，干燥的牛至磨细后气味比新鲜的更浓郁。使用上不可过量，牛至也不耐久煮，若超过 30 分钟就容易出现苦味。

应 用

- 带点凉凉的甜味，用在海鲜、肉类与蔬菜里都适合，尤其可以用在炖肉上，做肉酱时放一点可中和腥味。
- 提炼芳香精油，是很好的天然抗菌消毒剂，可做各种清洁沐浴用品，也可作为食材的防腐保鲜剂。
- 冲泡花草茶。

保 存

- 新鲜牛至以白报纸包好，再加一层塑胶袋，置于冰箱冷藏可存数日。
- 干燥牛至装罐，置于干燥通风处。

牛至 VS. 马郁兰

马郁兰

牛至和马郁兰是近亲，又有人称牛至为“野马郁兰”，二种都是密生叶小巧型植物。仔细看牛至的叶子，长 1 ~ 1.5 厘米的心形，味道较甜，而马郁兰则呈类似倒着的蛋形，还有细软小柔毛，两者都很适合与番茄搭配。

牛至

牛至浓烈的味道很适合用于烧烤，尤其可去除椒类特有的味道，让料理增香，促进食欲。

欧美香料

香烤意式蔬菜

香料 新鲜牛至 5 克或干燥牛至 3 克、白胡椒粉适量、大蒜 5 克

材料 青椒 30 克、红甜椒 30 克、黄甜椒 30 克、绿节瓜 30 克、黄节瓜 30 克、茄子 80 克、小番茄 60 克、橄榄油 60 毫升

调味料 盐适量

作法

1 青椒，红、黄甜椒，绿、黄节瓜，茄子分别切片；大蒜切末。

2 将切好的蔬菜和小番茄与大蒜末、盐、白胡椒粉、牛至及橄榄油混合拌均匀腌约 15 分钟。

3 将作法 2 的材料放入烤盘中，放入已预热的烤箱以 200 度烤 8 分钟即可。

point／

材料中的蔬菜可依个人喜好替换成茄子、马铃薯、小黄瓜、青花菜等气味重的蔬菜，一样美味。

马郁兰

Marjoram

Origanum majorana

丰富料理风味，意大利最常用的香料之一

饮料　料理　香氛　药用

别名：野薄荷、墨角兰

产地：原产地中海、土耳其，目前有美国、欧洲中南部及埃及等

利用部位：茎、花、叶

马郁兰全草可入药，有杀菌解毒、助消化功效，能舒缓感冒、肠胃不适。提炼精油用于沐浴时可消除疲劳，还能抗氧化，有减缓皮肤老化的功效。

马郁兰为唇形科牛至属多年生草本植物，香气浓郁甘甜，细闻会有股薄荷的野味，自古就被当成辛香调味料。与味道较浓郁的料理搭配，如番茄等味重的蔬菜或乳酪，能引出清爽甜滋味。马郁兰更是意大利薄饼（比萨）不可缺的香料之一，和辣味食物也很合拍，加上气味独特还能刺激食欲，泡成花草茶在餐后饮用可帮助消化，对健康有益。马郁兰整株都能提炼芳香精油，苦涩香味能舒缓失眠头疼等症状，干燥叶子亦可入药。

应用

- 叶片可单独或与其他香料一起调制酱汁，用于沙拉、肉类、乳酪、蛋和薄饼、比萨等料理。
- 可泡澡，或提炼成精油制成各种芳香用品。

保存

- 新鲜马郁兰以袋装好，置于冰箱冷藏可保存 2 星期。
- 干燥后密封装好，置于通风阴凉处，避免阳光直射。

马郁兰味道香甜，很适合
用在甜点、花草茶上，跟着蔬
菜一起炖，可以增添彼此的鲜
甜滋味。

欧美香料

马郁兰炖蔬菜

香料 新鲜马郁兰5克或干燥马郁兰4克、白胡椒粉适量、大蒜5克

材料 洋葱30克、甜椒30克、茄子50克、番茄50克、鳀鱼10克、橄榄油20毫升、水100毫升

调味料 盐适量

作法

1 洋葱、甜椒、茄子、番茄都切成小丁状，大蒜、新鲜马郁兰切末。

2 热锅，放入橄榄油炒香大蒜末和鳀鱼，再放入洋葱、甜椒、茄子、番茄拌炒均匀。

3 加入新鲜马郁兰碎、水，再以中火慢炖至蔬菜软，最后以盐、白胡椒粉调味即可。

意大利马郁兰

马郁兰叶子呈心形且表面光滑，栽培初期成长较慢，开花前会快速成长，新鲜的叶子很适合冲泡成花草茶。

欧美香料

地中海香料鸡肉饼

马郁兰有着强烈薄荷野味气息，搭配鸡肉能去腥，让料理别具一格，后味丰富。

香料 新鲜马郁兰5克或干燥马郁兰3克、新鲜百里香3克或干燥百里香2克、白胡椒粉适量

材料 鸡绞肉250克、新鲜面包粉20克、菜籽油20毫升

调味料 盐适量

作法

1 马郁兰、百里香切碎。

2 鸡绞肉加入盐、白胡椒粉适量搅拌均匀，再加入面包粉和马郁兰、百里香碎。

3 将肉揉成圆球后再略为压扁。

4 起锅放入菜籽油以中火将作法3的材料放入，用中小火煎至金黄色即可。

莳萝

Dill

Anethum graveolens

饮料　料理　香氛　药用

别名：洋茴香、野小茴、上茴香、野茴香

产地：原产地中海及俄罗斯

利用部位：茎、叶、花、种子

五千年前就被当成药草种植的辛香料蔬菜

莳萝本身具有缓解疼痛、镇静的作用，还可用来治疗头痛、健胃整肠、消除口臭，因气味强烈辛香，可为只能吃少盐或无盐料理者增添食物风味。

莳萝是西欧、北欧常见的香草，在古埃及时期就被当成药草种植，含丰富苯丙素及三萜类化合物，有缓解疼痛、镇定的效果。莳萝气味辛香强烈，茎叶似羽毛，颜色深绿，一般当成用来腌制鱼类的香料，以去除腥味。新鲜莳萝亦可当成蔬菜与蛋肉一起烹调，营养价值高。未成熟的种子呈细小圆扁平状，是最佳的泡菜调味料，也可提炼成精油食用。因外形和茴香叶相似，莳萝常被误认为茴香叶。

应用

- 新鲜莳萝叶可加入鱼肉海鲜腌制后再煎烤，国外常用莳萝来腌鲑鱼；还可泡成香草茶，制成酒醋或油醋酱。
- 加工成精油，并广泛运用在沐浴用品等。

保存

- 新鲜莳萝以白报纸包好，再加一层塑胶袋，置于冰箱可冷藏数日。
- 干燥莳萝装罐，置于干燥通风处。

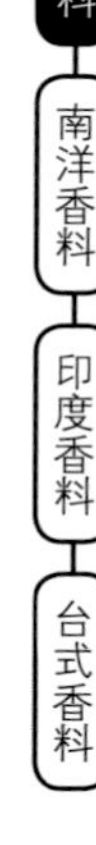

莳萝叶 VS. 茴香叶

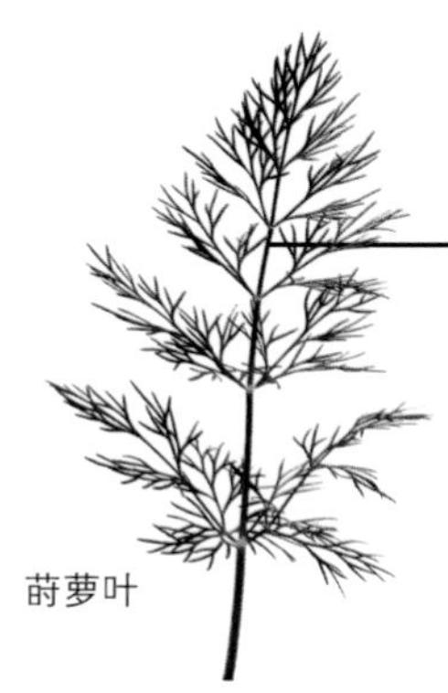
莳萝叶

茴香叶呈细针丝状黄绿色，气味较温和，可做蔬菜料理食用；莳萝叶的叶子似羽毛，颜色深绿，气味较强烈，一般多用来腌制或搭配海鲜、肉品。

茴香叶

爱吃鱼的北欧人最爱以莳萝搭配鱼排，它也是腌制鲑鱼不可少的香料，不但可去腥增香，还可解油腻。

莳萝粉红胡椒鲑鱼排

香料 莳萝 10 克、粉红胡椒 3 克

材料 鲑鱼排 160 克、橄榄油 30 毫升

调味料 盐适量

作法

1 将莳萝切碎和粉红胡椒拌匀。

2 鲑鱼排先撒盐，再蘸作法 1 的材料备用。

3 热锅，放入橄榄油烧热后下鲑鱼排，以小火将表面煎上色。

4 放入已预热的烤箱以 180 度烤 5 分钟即可。

莳萝花

台湾的莳萝在春末及秋初两季开花，花色黄且呈复伞状。

茴香

Fennel

Foeniculum vulgare

饮料　料理　烘焙　药用

别名：怀香、香丝菜、甜茴香

产地：原产于欧洲地中海沿岸

利用部位：叶、茎、种子

从茎叶到籽都可食用的香味蔬菜，最适合搭配油腻的鱼肉料理

中医将茴香作为肠胃药，治疗腹胀、便秘，因为茴香油可促食欲、助消化，帮助肠胃蠕动。

茴香属伞形花科，因为它可消除鱼肉类的腥味，让料理添香增味，所以得“茴（回）香”之名。

新鲜茴香的茎与叶气味清新，是营养价值很高的保健蔬菜，茎部生食口感脆嫩；叶的风味则类似于山茼蒿与香菜的综合体，越吃越香，可做沙拉、煎蛋、蒸鱼，还可做包子、饺子的馅料；果实干燥后可磨成粉，气味浓烈辛香带一点辣味，干燥处理过的茴香粉或茴香籽是印度料理常用的香料之一。

应用

- 新鲜的茴香叶可煎蛋、腌制海鲜肉类，茴香头可做成沙拉。
- 干燥后的茴香籽、茴香粉是印度料理里的重要香料，同时也可做香料面包、调酒等。
- 可制成透明无色的茴香酒兑水饮用，是地中海地区、法国、意大利、土耳其等地的传统饮品。

保存

新鲜茴香可放冰箱冷藏保存 3 ~ 5 天，香气会随时间推移而减弱；茴香籽、茴香粉则应密封保存于阴凉、无日光直射处。

适合搭配成复方的香料

可与百里香、罗勒、迷迭香等多种干燥香草搭配成普罗旺斯综合香料，是法国家庭常见的综合香料之一。

茴香叶 VS. 莳萝叶

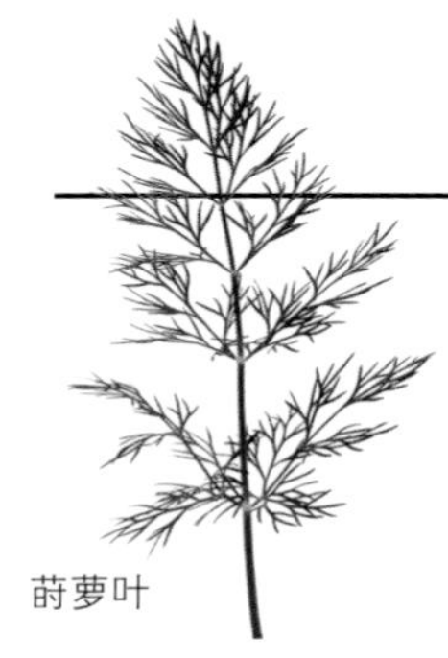
莳萝叶

茴香叶呈细针丝状黄绿色，有多层茎叶；莳萝则是从根部发展出单独且直挺的茎，且叶片较茴香纤细，不过两者无论气味或长相都很相似，常彼此混用。一般多用来腌制海鲜、肉品，尤其很常用在鱼类上，两者都有“鱼的香草”之称。

茴香叶

新鲜茴香含丰富钙质，和蔬菜与蛋液入锅煎香，气味浓郁、味道甘甜，若将橄榄油替换成麻油，立刻变身台式风味，越嚼越香。

欧美香料

西式茴香煎蛋

香料 新鲜茴香叶 30 克、白胡椒粉适量

材料 鸡蛋 5 颗、橄榄油 60 毫升、盐适量

作法

1 将茴香叶切成 1 厘米段状，鸡蛋打散成蛋液。

2 将茴香叶、蛋液、盐、白胡椒粉拌匀。

3 热锅加入橄榄油，放入作法 2 中混合好的蛋液，以小火煎至两面上色即可。

point

买不到新鲜茴香叶可用新鲜莳萝叶替代，香气更佳浓郁。

茴香花

茴香拥有美丽的黄色花朵，可做成插花，或将花朵直接浸泡于热水后蒸脸，也有美容效果。

欧美香料

茴香苹果沙拉

以切片的茴香头拌沙拉，香气浓郁，清脆口感和苹果相当搭，最后拌上微酸沙拉酱，具有画龙点睛的提味效果。

香料　茴香头 60 克、白胡椒粉适量

材料　红苹果 120 克、柠檬汁 20 毫升、水 500 毫升、美乃滋 50 克、酸奶油（或酸奶）60 克、盐适量

作法

1 红苹果去皮和茴香头一起切薄片，泡在加了柠檬汁的水里，约 5 分钟后滤干水分。

2 把其他材料全部混合一起，再把作法 1 的材料放入拌匀即可。

茴香盆栽

茴香的气味来自茴香脑，带点温和的辛味，可去腥。传统市场里卖的多是莳萝，新鲜茴香可到花市去找。

欧芹

Parsley

Petroselinum crispum

为料理点缀添香，不可缺的基本款香味蔬菜

欧芹并不是大家印象中的芹菜，而是一种根、叶都可食用的香菜科植物。它色泽翠绿，全株皆有清爽香气，尤其根部香气最强烈。新鲜的欧芹又会比干燥后的气味更浓郁。全世界有超过 30 种以上的欧芹品种，最常见的为平叶欧芹（flat-leaf parsley）、卷叶欧芹（curly-leaf parsley）。它富含各种维生素、钙、镁、铁、叶绿素及食物纤维等营养，是很好的芳香蔬菜，从古希腊罗马时期就已栽种，是西餐与烘焙中用途广泛的香草植物，因不耐久煮，用法有点像香菜，多于起锅前直接撒上提香与点缀。

饮料 料理

别名：巴西利、洋香菜、荷兰芹、洋芫荽、卷叶香芹

产地：地中海沿岸、东欧、南欧为大宗

利用部位：根、叶

平叶欧芹－意大利细叶香芹

意大利细叶香芹叶面平坦，叶沿带齿状，和香菜外形类似，有温和的甜香味，常用于意大利等欧式料理，不管是做沙拉、面包、肉或鱼贝类、煮汤都适合。（可参考 108 页）

欧芹含维生素A、B1、B2、C1、铁、钙等营养素，对治疗贫血、过敏、防衰老有帮助，也有除口臭、助消化功效。不过会刺激子宫收缩，对产后子宫复原有帮助，但孕妇应尽量避免食用。

↑ 平叶欧芹－法国细叶香芹

又叫峨参，属伞形科香料植物，叶面平坦带齿状，较意大利细叶香芹叶再更细小，是法国料理不可或缺的香料，常切碎和其他香草混成香草碎使用，可为汤、酱汁及蛋料理增加风味。

↓ 卷叶欧芹－欧芹

台湾地区一般称的巴西利即为此种卷叶欧芹，它叶沿带齿状，看来细致可爱，香气十足，除了可切碎用于料理添香外，也可作为摆盘盘饰。

应用

欧芹叶的香气不耐高温久煮，最好是切碎后，于起锅前加入短暂烹调，或直接撒在食物上增加香气及点缀，完整的叶子可作为排盘装饰之用。

保存

新鲜欧芹洗净沥干水分，以纸巾包好放入密封袋中冷藏可保鲜5～7天。

欧美香料

蒜味欧芹烤番茄

欧芹清新的风味，虽不耐高温久煮，但和刚出炉的小番茄结合时，更能带出番茄的鲜香酸甜，味觉和视觉都丰富诱人。

香料 大蒜 5 克、欧芹 3 克、白胡椒粉适量

材料 小番茄 160 克、橄榄油 50 毫升

调味料 盐适量

作法

1 小番茄洗净；大蒜、欧芹切末，备用。

2 小番茄与大蒜末、盐、白胡椒粉、橄榄油拌匀，放入烤盘中。

3 烤箱预热，以 180 度烤作法 2 中的小番茄约 12 分钟，取出与欧芹末拌匀即可。

point/

小番茄可用切块的番茄替代，番茄烤过后甜味更明显。

细叶欧芹（平叶欧芹）

Flat Parsley

Petroselinum crispum

料理　烘焙　药用　观赏

别名：平叶香芹、平叶欧芹、意大利香芹、洋香菜、欧芹、洋芫荽

产地：原产地中海沿岸，现广泛栽种于世界各地

利用部位：茎、根、叶

细致翠绿有营养，与肉类搭配可添香杀菌

西方人使用欧芹就像东方人使用青葱一样频繁。细叶欧芹因叶形、大小不同，可分为法国欧芹及意大利欧芹两种，营养价值非常高，含有维生素 A、B1、B2、C 及 β - 胡萝卜素、钙、镁、铁、叶绿素等成分和食物纤维，营养素含量在香料中名列前茅。

细叶欧芹拥有清爽优雅的香味和鲜绿色泽，除了运用新鲜叶片，也可干燥后使用，与肉类搭配具有杀菌功效，也能促进消化，或直接添加于沙拉中食用。香芹的运用可以追溯至古罗马时代，当时即用于烹调，也是世界上使用最广泛的香草植物之一，不仅对地质和气候的适应性高，栽培也容易，世界各地都有栽种并广泛使用。

欧芹的属性温凉，其汁液可护肤养发，叶、根及种子均利尿、助消化，也可缓解风湿疼痛，并有助产后子宫复原。古老偏方以香芹调制药糊，还能治疗扭伤及创伤。

应用

- 直接生食、加热烹调皆可，也可调制沙拉酱，以高温油炸较能保留其香气。
- 欧芹叶茎味道较重，纤维也较粗，适合用来熬高汤或制作酱汁。
- 新鲜欧芹含水量丰富，每 12 千克新鲜叶片只能制成 1 千克干燥品，料理时加入干燥欧芹香气略减，但保存方便。

保存

- 新鲜的欧芹以白报纸包起装入袋内，置于冰箱冷藏保存。
- 干燥欧芹开封使用后，需装入密封罐，储存于阳光不会直射的阴凉干燥处。

适合搭配成复方的香料

- 香草束（Bouguet garni）：月桂叶、山萝卜、大蒜、百里香、欧芹、龙蒿。
- 细叶欧芹、欧芹、细香葱和龙蒿这四大香草植物合称 Fines Herbs，经常用于法国料理的酱料、沙拉、汤及鸡蛋中。

意大利细叶欧芹 ＝平叶香芹＝平叶欧芹（Flat Parsley）

适合种在日照充足、排水良好、凉爽通风的地方，叶片一年四季皆可采收，并会快速长出新叶。相较于卷叶欧芹，口感细致且较无草腥味，适用于各式料理。

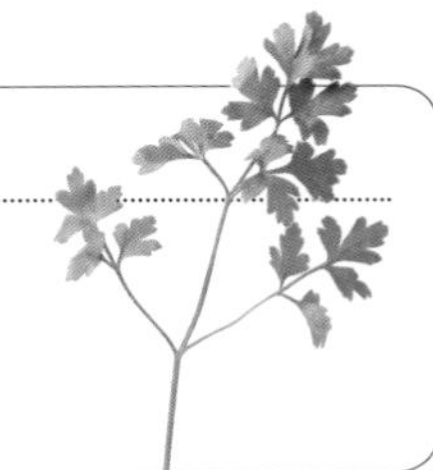

巴西利＝欧芹＝卷叶欧芹（Curly Parsley）

台湾地区说的巴西利指的多是此种欧芹，相较于细叶欧芹，味道更为浓郁，常被当成盘饰使用。很多人都不知道放在盘子上的一小撮是否可食？其实可用刀叉剁碎后，搭着食物一起入口，可增加肉类风味。

欧美香料

欧芹甜椒汤

细叶欧芹除了适合做沙拉和汤以外，跟甜椒一起煮汤，会有淡淡的香味，还可帮助消化，颜色漂亮又健康。

香料 细叶欧芹 2 克、白胡椒粉适量

材料 红甜椒 180 克、大蒜 10 克、洋葱 15 克、红酒 60 毫升、高汤 300 毫升、橄榄油 30 毫升

调味料 鲜奶油 20 毫升、盐适量

作法

1. 红甜椒去籽切成块状，大蒜、洋葱切碎。
2. 细叶欧芹切末，起锅加入橄榄油炒大蒜、洋葱碎。
3. 加入红甜椒拌均匀，倒入红酒、高汤，煮至红甜椒软，再用调理机打成泥。
4. 最后加入鲜奶油，盐、白胡椒粉即可。

point /

新鲜细叶欧芹除入菜外，也可像我们使用青葱般，在盛盘前切碎撒入，可增添宜人香气，并装点菜肴。

另一种欧芹

法国细叶欧芹（Chervil），又称为山萝卜、峨参，被喻为“美食家的欧芹”，是法国料理中不可或缺的香料。主要食用部位为嫩叶，有点像法国的香菜，可添加于沙拉、肉类及汤里。

罗勒

Basil

Ocimum basilicum

香气、味道与番茄、鱼肉最速配

饮料　料理　香氛　药用

别名：西洋九层塔、意大利罗勒

产地：原产于西亚及印度

利用部位：茎、叶

罗勒的清新气味可改善偏头痛、助消化，作为中药使用，可治疗跌打损伤和蛇虫咬伤。以较浓的罗勒茶漱口，可有效舒缓口腔炎。

罗勒是薄荷的近亲，气味有淡淡薄荷与茴香综合的风味，类似台湾的九层塔，但更温和。罗勒品种繁多，有甜罗勒、柠檬罗勒、紫罗勒、绿罗勒、肉桂罗勒等，最广泛运用于料理的是甜罗勒，它是制成意大利青酱的主要香料。罗勒的香气、味道与番茄、鱼肉最为速配，广泛应用在沙拉、比萨、意大利面等料理上，而泰国料理与越南料理也不能少了它。罗勒加热容易氧化变黑，风味迅速变淡，最好在起锅前再加才能好吃又好看。饭后来杯清爽的罗勒茶还可去除油腻感。除用于料理外，萃取出的罗勒精油有清甜香味，对消化系统有帮助；以香氛机扩香，还可提振精神，堪称“香草之王”。

应用

· 香味与番茄及鱼肉最搭，这两种食材在西餐或东南亚料理中常与罗勒搭配使用。

· 搭配松子、橄榄油可调制成意大利青酱，或和其他香草综合调成香草酱，拌面蘸面包都很不错，亦可制成香草油或香草醋。

保存

新鲜罗勒装在塑胶袋里并放进冰箱冷藏可保存2～3日，气味会渐渐变淡，叶子也会逐渐氧化变黑，要尽快食用完毕。

罗勒和九层塔一样吗？

罗勒是一种统称，九层塔为其中一种品种。仔细比较发现，罗勒叶较为青翠圆胖，九层塔叶则较细长，且色稍微深绿一点，香气也有所不同。如果找不到罗勒，而以九层塔制作青酱，口感会较有涩味，气味也偏重，没那么清爽。

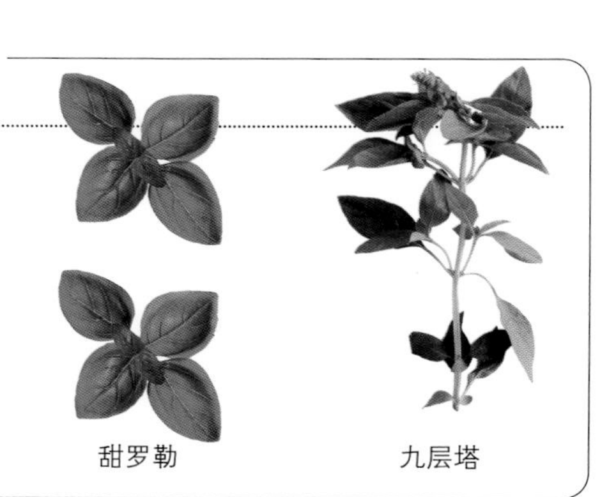

甜罗勒　　九层塔

欧美香料

罗勒乳酪番茄塔

罗勒的气味和番茄是最佳拍档，加上大蒜和帕玛森乳酪粉，则可让烤出来的气味更丰富浓郁。

香料 罗勒 5 片、大蒜 5 克、白胡椒粉适量

材料 番茄 2 颗、面包粉 60 克、帕玛森乳酪粉 30 克、橄榄油 60 毫升

调味料 盐适量

作法

1 番茄切成 1 厘米的片状。

2 罗勒、大蒜都切碎，和面包粉、帕玛森乳酪粉、橄榄油拌匀即成香料面包粉。

3 番茄每片都撒上少许盐、白胡椒粉，再以一层番茄、一层香料面包粉重复动作排盘，放入已预热好的烤箱以 180 度烤约 5 分钟即可。

甜罗勒花

罗勒于夏秋之际会密集开花，淡雅的香气让蜜蜂都忍不住来尝一口。

龙蒿

Tarragon

Artemisia dracunculus

料理 烘焙 精油 香氛 药用

别名：香艾菊、狭叶青蒿、蛇蒿、椒蒿、青蒿、龙艾、法国茵陈蒿

产地：原产于西伯利亚和西亚，最优良品种为法国栽种的「法国龙蒿」

利用部位：根、叶

可消除海鲜和肉类的腥味，在家也能做出法国味

龙蒿是欧美国家普遍使用的香草植物，香气甜蜜且浓郁，依产地有法国龙蒿和俄罗斯龙蒿两种，前者较适合作为料理香料，含有类似大茴香、柑橘、八角的甘甜芳香和胡椒般的浓烈辛辣，可帮助消除海鲜和肉类的腥味，能让食物味道更有层次！

新鲜叶子和干燥叶片皆可运用，龙蒿的独特气味，特别适合运用在鸡肉、鱼肉及蛋类的料理，尤其在法国使用更为广泛，是许多酱料的基本食材之一，菜单上若看到有 à l'estragon 这串字，代表是以龙蒿调味在其中，还可做成龙蒿奶油，法国常见的煎蛋卷、沙拉淋酱都一定要用上它。

龙蒿闻起来有茴香、甘草和罗勒的混合香气，有分解脂肪的功效，可增进食欲、帮助消化，有助于治疗厌食、胀气、打嗝和胃部痉挛。尤其对女性帮助很大，其独特的香氛气味能缓解月经疼痛和调理不适感。

应 用

- 法国龙蒿的根、叶皆能食用，可泡茶、炼制精油、作为调味香料。
- 浸在白醋中做成龙蒿醋，调理食材时会有独特的龙蒿芳香。
- 很适合将叶子切碎撒在烤鱼、烤鸡上，能帮助去油解腻，也可加在鸡蛋料理中。
- 常见于应用调制酱料，像是龙蒿奶油、龙蒿芥末、龙蒿塔塔酱等，是法国料理的必备调料。

保 存

- 新鲜的龙蒿叶装入密封袋（罐）置于冰箱冷藏保存，若一次购买的量较大，可以放置冰箱冷冻，延长保存期限。
- 干燥的龙蒿香料开封使用后记得装入密封罐，放置阳光不会直射的阴凉干燥处储存。

适合搭配成复方的香料

- 搭配胡萝卜籽、薰衣草、柠檬、迷迭香等香料植物，入菜料理或冲泡茶饮。
- 将龙蒿枝叶泡入白葡萄酒醋，即可调制成法国常用的龙蒿香料醋。
- 搭配意式酸豆、腌黄瓜、美乃滋调制成龙蒿塔塔酱。

新鲜龙蒿

龙蒿属菊科植物，叶片扁平，深绿色，镰刀形，株高 30 ~ 50 厘米，匍匐生长，又称为龙艾，以根部褐色且蜿蜒生长如蛇而得名。

干燥龙蒿

购买进口的干燥龙蒿是很方便的选择，尤以法国进口的龙蒿香料干品为优。

龙蒿气味芬芳甘甜，且有分解脂肪的作用，很适合运用在海鲜中去油解腻，除了可在鲜虾浓汤中去除虾腥味外，还能让浓汤更清新爽口。

法式鲜虾浓汤

(香料) 龙蒿 2 克或干燥龙蒿 1 克、月桂叶 1 片、白胡椒粉适量

材料 虾壳 250 克、洋葱 120 克、胡萝卜 15 克、西芹 15 克、番茄糊 20 克、白酒 50 毫升、面粉 20 克、鲜奶油 20 毫升、奶油 20 克、水 800 毫升

调味料 盐适量

作法

1 将虾壳烤成金黄色，洋葱、胡萝卜、西芹切成块状。

2 起锅放入奶油、月桂叶、龙蒿和洋葱、胡萝卜、西芹。

3 加入烤好的虾壳，炒至蔬菜软化。

4 放入番茄翻炒，再加入白酒、面粉略炒，最后加入水。

5 开小火煮约 1 小时过滤，加入鲜奶油再煮一次即可。

龙蒿油醋怎么做？

30 毫升白酒、90 毫升橄榄油、5 克新鲜龙蒿，依喜好加入盐与黑胡椒，将龙蒿放入浸泡 2 ~ 3 天，即成简易的龙蒿油醋酱，可淋在沙拉上，或抹在鱼片上去腥。

鼠尾草

Sage

Salvia officinalis

从泡茶腌肉到精油药用，让人心情愉快的芳香植物

饮料　料理　香氛　驱虫　药用

别名：洋苏草、药用鼠尾草、绿叶鼠尾草

产地：欧洲南部与地中海沿岸地区、北非

利用部位：叶

point

鼠尾草精油会扩大酒精作用，饮酒后要避免使用，且因其放松效果佳，需要专注时，如开车等也不建议食用。

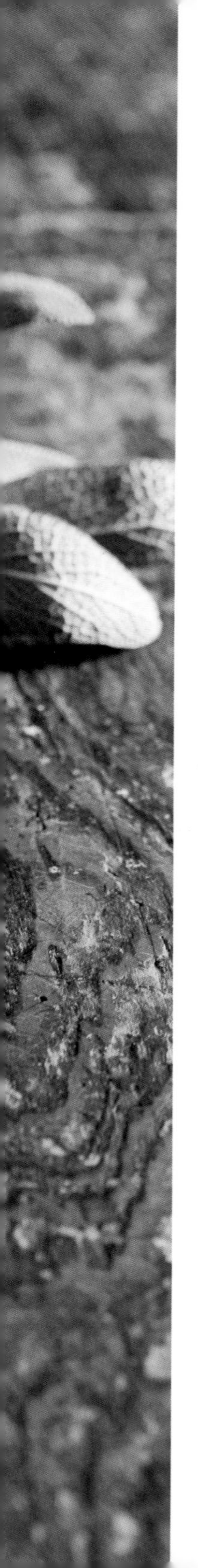

鼠尾草气味独特，有镇静、助消化功效，因含有雌性荷尔蒙，可舒缓妇女经痛，还可杀菌、预防感冒、活化脑细胞、增强记忆力。鼠尾草精油因镇静效果强，可放松心情、抗菌消炎，并能调节皮肤油脂分泌，对油性头皮或脸部粉刺、青春痘都有缓解之效。

鼠尾草品种近千，有着蓝紫色的花朵，多数作为观赏植物。可食用的为普通鼠尾草，叶子呈椭圆形，有皱纹，气味浓、有淡淡胡椒味，早期在欧洲用来取代茶叶，茶色金黄，喝来唇齿留香却有些许苦味，现在则用来作为烹调时的辛香调味料，如同我们使用青葱般频繁使用，可运用在肉类鱼鲜中以抑制骚腥味，也可用来制成乳酪及饮料。

鼠尾草有杀菌防腐之效，德国料理常拿鼠尾草和香肠搭配，法国料理会用来烹调白肉或放入蔬菜汤里，中东地区则会用在烤羊肉上，认为是健康饮食。南法有句古谚语说“家有鼠尾草，不用找医生”，他们认为鼠尾草有延长寿命之功效，是相当好的药用香草。

应用

- 可泡鼠尾草茶或为葡萄酒、苦艾酒等增香调味。
- 搭配肉类入菜或与奶油乳酪调成酱汁，加工制成香肠等。
- 萃取精油，广泛运用在香水、香包、沐浴保养品等，因气味带有些许樟脑味，也装成香包驱虫。

保存

- 新鲜鼠尾草置于冰箱冷藏有 3 ～ 5 日保鲜期。
- 干燥后密封装好，置于通风阴凉处，避免阳光直射。

point /

鸡翅可依个人口感喜好替换成鸡小腿棒。

欧美香料

鼠尾草柠檬蜂蜜烤鸡翅

鼠尾草气味强烈，不易被重味食材抢味，还有防腐、抑制腥味的效果，与油腻的肉类料理最合拍。

(香料) 鼠尾草 3 克、白胡椒粉适量

材料 鸡翅 5 支、柠檬汁 20 毫升

调味料 梅林辣酱油 30 毫升、蜂蜜 20 毫升、盐适量

作法

1 鼠尾草切碎，和柠檬汁、梅林辣酱油、蜂蜜拌匀成腌酱。

2 鸡翅先撒白胡椒、盐拌匀，再以作法 1 的腌酱拌匀腌约 30 分钟。

3 将作法 2 的材料放入烤盘，再放入已预热的烤箱中以 180 度烤约 20 分钟即可。

原生鼠尾草

鼠尾草叶呈长椭圆形，是德国香肠不可或缺的香料之一。感恩节时，西方人也会把鼠尾草塞入火鸡里，是在欧洲非常普遍的香料植物。

芝麻叶

Rocket（Arugula）

Eruca sativa

充满芝麻香，是香草植物中的抗癌巨星

料理　榨油　药用

别名： 芝麻菜、火箭菜、箭生菜

产地： 原产于地中海沿岸、西亚

利用部位： 嫩叶、种子

芝麻叶属性较寒凉，药味辛、苦，功效为排水肿、清腹水，可降肺气、缓解尿频等症状，尤其对久咳特别有用。富含钙、铁、叶酸、矿物质与维生素等营养成分，尤其以维生素 C 的含量最高，具抗氧化、抗癌等效果。

芝麻叶属十字花科的香草，营养丰富，维生素 C 含量高，且具抗氧化作用，并能促进胶原蛋白生成，可说是香草植物里的超级巨星。芝麻叶是意大利料理中常见的蔬菜，全株散发浓烈的芝麻香气，叶子柔软有嚼劲，主要用于生食、制作沙拉。芝麻叶入口清脆、微苦，温和的辛辣中还带点甘甜，口感相当特别，只要吃过一次就让人难忘，这独特的风味让芝麻叶常成为沙拉中的主角，或给比萨、意大利面画龙点睛，是种让人越嚼越香、越吃越上瘾的美味香草蔬菜。

应用

- 芝麻叶为浓郁的辛香料，可直接洗净生食，与芝士、油醋、坚果等混合制成沙拉，也适合搭配三明治、比萨。
- 一经烹煮就会糊烂，水分也会溢出，若要高温烹调，建议以面糊蘸裹下锅快炸，还可去油解腻，风味迷人。
- 芝麻叶种子含油量高，可用来榨油。

保存

- 将新鲜芝麻叶根部直立放入水中保存，每天换水，或用塑胶袋覆盖住叶子约可保存 2 天，但最好尽快用完，即鲜即食。
- 用湿纸巾包裹根部，可保存 2-3 天。

新鲜芝麻叶

芝麻叶属十字花科植物，依外形可分为锯齿状叶片的原生种，以及偏向圆形的改良种。原生种香气较浓，苦味较重；改良种香气足，苦味不重，口感较嫩。

欧美香料

南法香草芝麻叶沙拉

芝麻叶有点辛辣，但口感讨喜，与新鲜香草一起拌成沙拉可衬出食物的香气，且生食还可摄取大量维生素C，健康美味。

香料 芝麻叶 50 克、罗勒叶 5 克、莳萝 2 克、牛至 2 克、薰衣草叶 2 克、白胡椒粉适量

材料 小番茄 10 克、甜菜根叶 2 克

调味料 柠檬汁 20 毫升、橄榄油 60 毫升、盐适量

作法

1 将新鲜罗勒、莳萝、牛至、薰衣草叶、甜菜根叶、芝麻叶、小番茄全部洗净后，泡入冷水中保持口感。

2 将调味料调匀。

3 先把作法 1 的食材滤干水分，摆盘后淋上作法 2 中的酱汁，拌匀即可食用。

蒲公英

Dandelion

Taraxacum officinale

亮黄小花蒲公英，英国最倚重的草本香草植物

料理　酿酒　药用　观赏

别名：西洋蒲公英、蒲公草、黄花地丁、婆婆丁

产地：原产欧亚大陆，后引进到英国、美洲和澳大利亚

利用部位：根、花、嫩叶

蒲公英有净化淋巴系统的作用，能助排毒、消水肿，对尿道炎、膀胱炎、阴道炎、关节炎、莫名疲累及酸痛很有帮助。

蒲公英为多年生草本植物，花为亮黄色，由很多细花瓣组成，叶与根含丰富维生素与矿物质。在中世纪欧洲人就已经用蒲公英花来酿酒，嫩叶可凉拌、烧汤或热炒，也能拌肉做饺子馅，味道类似于西洋菜做的内馅。根部的气味是略带泥土的苦涩，早期欧洲人会拿根部来烘制煮茶，喝来像咖啡，俗称“代咖啡”。把根部洗净加水、糖浸泡发酵后，喝来会有沙士（Sarsapariua，一种碳酸饮料）的味道，不用灌碳酸就有气泡。除了食用，更是应用广泛的药草植物，对人体的作用是整体性、系统性的，是英国草本铺最为仰赖的传统药草之一。

应用

- 嫩蒲公英叶可凉拌、烧汤、热炒，或切碎拌肉做饺子馅。
- 搭配不同香料调配成法国香草海盐，方便入菜调味。
- 烤干磨成粉可泡茶，香气特别，可解腻助消化，属性较凉，建议夏天饮用。

保存

- 新鲜的蒲公英装入密封袋置于冰箱冷藏保存，若一次购买的量较大，可放置冰箱冷冻，延长保存期限。
- 干燥的蒲公英香料，开封使用后，需装入密封罐，放置阴凉干燥处储存。

适合搭配成复方的香料

与欧芹、细叶欧芹、迷迭香、百里香等香料调配出法国香草海盐。

欧美香料
南洋香料
印度香料
台式香料

蒲公英入药

蒲公英的根与叶皆可入药，叶子含有维生素A和维生素C，且富含蒲公英醇、蒲公英素、胆碱、有机酸、菊糖等多种健康营养成分，能促进胆汁分泌进而消解脂肪。

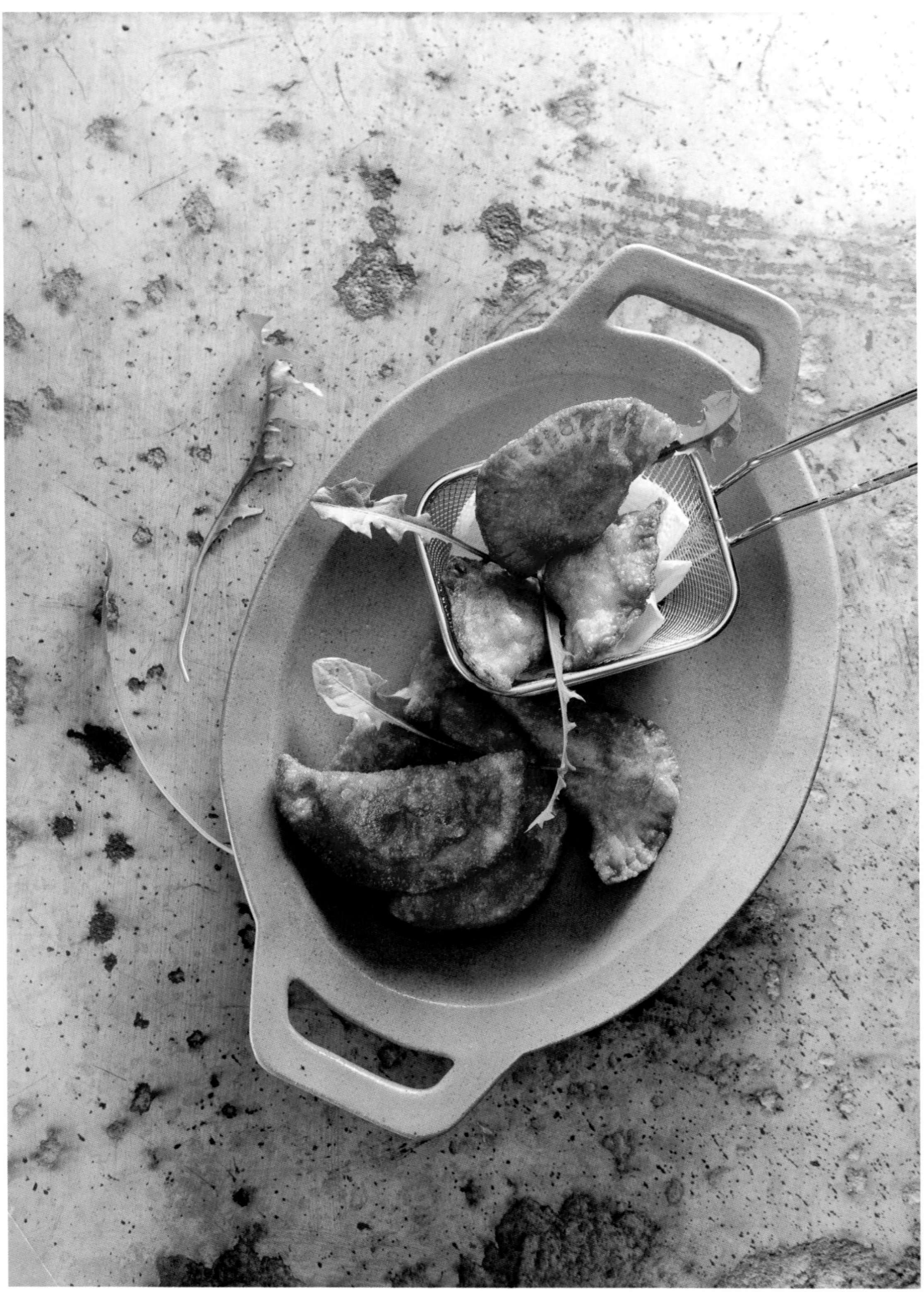

欧美香料

英式炸蒲公英猪肉饺

蒲公英叶营养成分丰富，但味道微苦，与猪绞肉混合搭配，不只吃不出苦味，还能解猪肉油腻感，清爽宜人、有益健康。

(香料) 蒲公英 20 克、白胡椒粉适量

材料 猪绞肉 120 克、洋葱 50 克、大蒜 2 克、红葱头 2 克、水饺皮 12 张、炸油 500 毫升

调味料 盐适量

作法

1 将洋葱、大蒜、红葱头、蒲公英切成碎。

2 用少许的油炒香洋葱、大蒜、红葱头至洋葱呈金黄色，捞起备用。

3 将猪绞肉拌入炒好的洋葱大蒜碎，放入蒲公英和盐、白胡椒粉拌匀成蒲公英猪肉馅。

4 取一片水饺皮与适量蒲公英猪肉馅包起，依序将材料用毕。

5 热锅放入炸油，烧至 180 度的油温时放入包好的饺子，以中火炸成金黄色至熟即可。

蒲公英花

蒲公英花为亮黄色的可爱小花，生命力很强，嫩叶与花朵都可直接入沙拉生食，味道带点淡淡苦味。

金莲花

Nasturtium

Trollius chinensis

与浓味料理搭配可提鲜，既可观赏又能入菜，药用价值高

料理　香氛　药用　观赏

别名： 旱金莲、旱荷花、荷叶莲

产地： 原产于南美洲及墨西哥，中国各地均可栽种，尤以内蒙古最多

利用部位： 嫩芽、花、根茎

金莲花性寒微凉，入药可以清热解毒，对扁桃体炎、急性中耳炎、急性鼓膜炎、急性淋巴管炎等炎症都有效；若以金莲花泡水制茶汤，漱口或饮用可消口臭。

金莲花为多年生藤蔓植物，是夏季的观赏花卉，因叶片外形与莲花相似而得名。金莲花生长在纬度较高的旱地，花朵有黄、橘、红、白等颜色，气味芳香，味辛微苦，有点类似去掉呛味的芥末。嫩芽、花朵、根茎都可以食用，含有维生素C、铁及多种人体必需的营养素，与味浓的肉或鱼搭配可提鲜。其地下根茎含丰富淀粉，可以替代马铃薯煮浓汤。

金莲花整株皆可入药，常用于急性炎症，提炼出的精油能改善情绪、增强元气，是经济价值极高的辛香调味花草。

应用

- 花朵可生食、凉拌或搭配其他香草泡茶，例如：金莲薄荷茶。
- 嫩芽与茎可炒食，搭配入菜调味。
- 萃取制成金莲花胶囊或药片，是天然植物抑菌良药。

保存

将新鲜花朵的根茎泡水，再装入袋中放入冰箱冷藏，可延长保鲜期。最好的是自家栽种，现采现用最佳。

金莲花叶

金莲花的花与叶尝起来有芥末的滋味，味道特殊，因叶形与莲花相似，因而得名。

将新鲜的金莲花夹在鲔鱼酱里，吃花的同时好像也替鲔鱼加了一点去油解腻的芥末香气，少了呛辣却提味增香，很是奇妙。

欧美香料

金莲花鲔鱼三明治

香料 金莲花 10 克、白胡椒粉适量

材料 油渍鲔鱼（罐）120 克、洋葱 50 克、酸黄瓜 30 克、全麦吐司（或白吐司）6 片

调味料 美乃滋 60 克、盐适量

作法

1 将洋葱、酸黄瓜切碎，油渍鲔鱼去油。

2 把鲔鱼、洋葱、酸黄瓜加美乃滋、盐、白胡椒粉拌匀。

3 在全麦吐司表面涂鲔鱼酱，最上面放上金莲花即可（重复此动作将吐司用毕）。

point

1. 吐司内馅可依个人口味调整，但以白肉鱼及海鲜最搭。
2. 不爱酸黄瓜口味可用小黄瓜片取代。

玫瑰天竺葵

Rose Geranium

Pelargonium graveolens

气味香甜，能增强食欲，也能纾解压力

料理　香氛　驱虫　药用　观赏

别名：香叶天竺葵、老鹳草、防蚊树、洋葵

产地：原产南非好望角附近，现于世界各地普遍栽培

利用部位：茎、花、叶

天竺葵有调整荷尔蒙系统的功能，对妇科疾病十分有效，且可利尿，帮助肝、肾排毒，还能刺激淋巴系统避免感染，排出废物。它对皮肤再生也有良好效果，可消缓发炎、湿疹、面疱、晒伤、伤口感染与水泡，还可保湿。因为天竺葵能调节荷尔蒙，怀孕期间不用为宜。

天竺葵药性味苦、涩、凉，带有柠檬香甜味，有点像玫瑰，又稍稍像薄荷，被大量培植，并利用蒸馏叶子来提炼精油。天竺葵有多种气味，包括玫瑰、薄荷、豆蔻与柑橘、椰子等多种水果味。其中以玫瑰天竺葵的叶质较嫩，是少数适合生吃的品种，嫩叶蘸粉油炸，更是一道好吃的点心。天竺葵精油也能带来安全与舒适感，可提振精神并鼓励人们勇于表达自我。当作薰香或是香水使用能化解悲伤的情绪，除了能食用，更是疗愈心灵的特殊香草植物。

应用

- 冲泡茶饮、调配饮料，以及制作蛋糕、天然果酱。
- 食用的方式有：生吃、煎烤、腌渍、酱料、甜点、泡茶等。
- 天竺葵富含芳香油，可提炼香料、精油，有助纾解压力，平抚焦虑、沮丧，提振情绪。也可制作香草沐浴、护肤用品与干燥花。

保存

新鲜的天竺葵嫩叶，可用白报纸包起装入袋内，置于冰箱冷藏保存。

适合搭配成复方的香料

与佛手柑、罗勒、迷迭香、玫瑰、野橘、柠檬、广藿香和薰衣草等香草植物搭配。

玫瑰天竺葵花

天竺葵精油是从花、叶子与枝干中以蒸气萃取出来的，颜色是很漂亮的淡绿色。萃取成精油后，能帮助抗忧郁、杀菌、抗感染、驱虫、止痛，其重要性被形容为“平民的玫瑰”。

欧美香料

铁板苹果玫瑰天竺葵

香料 玫瑰天竺葵叶少许

材料 新鲜苹果 160 克、奶油 15 克

调味料 细砂糖 30 克、柠檬汁 10 毫升

作法

1 新鲜苹果去皮去籽对半切开，玫瑰天竺葵洗过擦干切碎。

2 起锅放入细砂糖加热，待糖慢慢融化并转化成茶色时放入苹果。

3 待苹果成咖啡色泽后加入柠檬汁和奶油，再撒上玫瑰天竺葵碎即可。

玫瑰天竺葵是少数适合生食的品种，比一般天竺葵多些玫瑰香，有着独特花香调，很适合做甜点，煮出来有股隐约的温柔浪漫香气，如果再加一点肉桂就会很像苹果派。

柠檬马鞭草

Lemon Verbena

Aloysia triphylla

可做柠檬替代品的香草茶女王

饮料　料理　香氛　驱虫　药用

别名： 防臭木、香水木、马鞭梢、铁马鞭、白马鞭

产地： 原产于南美洲、阿根廷南部和智利，现广泛种植于欧洲及热带地区

利用部位： 茎、叶

柠檬马鞭草气味清新、味微苦，冲泡花草茶有静定安神、利尿、刺激肝胆功能的作用，也被制成减肥茶或拿来解酒；制成精油用以薰香时，能让人心情开朗，还对皮肤与发质有软化作用，但对过敏性皮肤者会过度刺激，应避免使用。

马鞭草种类繁多，当成香草且可食用的为“柠檬马鞭草”，是原产自南美的落叶灌木，叶片狭长有锯齿状，因含柠檬醛、香叶醇、柠檬精油等成分，所以有强烈清新柠檬香，就算干燥后也不会消失，有镇静舒缓情绪的效果。主要的利用方式是替代柠檬，取柠檬马鞭草的茎叶切碎后与白肉一起烹煮、添加在糕点中或泡酒、泡醋以丰富味道，或做冷盘、饮料的装饰，以前欧洲贵族宴客时便常以马鞭草叶作为洗指水。冲泡成花草茶可消胀气、提神醒脑，受欢迎的程度使其具有“花草茶女王”的美名，但由于会促进子宫收缩，孕妇应避免饮用。

应用

- 柠檬马鞭草在料理上可用于腌制白肉、调制酱料、增加甜点风味。
- 冲泡香草茶或替果汁、鸡尾酒增加风味。
- 提炼成精油当薰香、按摩用，并广泛运用在沐浴乳、洗发精、香水、室内去味香包等。

保存

新鲜柠檬马鞭草可用白报纸装好放入袋内，置于冰箱冷藏；干燥后密封装好，置于阴凉处，避免阳光照射。

马鞭草有天然的柠檬清香，最适合做烘焙点心，香甜气味弥漫满室，幸福感无可取代，煎饼还可佐以酸甜新鲜水果搭配，更是好吃。

欧美香料

马鞭草法式煎饼

(香料) 马鞭草 3 克

材料 低筋面粉 200 克、泡打粉 3 克、鸡蛋 2 颗、牛奶 150 毫升、融化奶油 30 克、色拉油 10 毫升

调味料 盐 2 克、糖 50 克

作法

1 马鞭草切碎备用。

2 将蛋黄、蛋白分开，蛋白打发备用。

3 过筛面粉，加入蛋黄、盐、糖、泡打粉，再慢慢加入牛奶拌打均匀后，拌入打发蛋白和融化奶油、马鞭草碎，静置 25 分钟。

4 准备平底锅加热，以擦手纸蘸色拉油擦平底锅，再放入适量作法 3 中的面糊成圆饼状，以中火煎至表面产生小气泡并略微膨胀，最后翻面煎至上色即可。

马鞭草薄荷枸杞茶

材料 枸杞 5 粒、水 250 毫升、蜂蜜适量

香料 马鞭草 5 片、薄荷叶 5 片

作法

马鞭草、薄荷叶、枸杞以滚开的热水冲泡至出味后，饮用前依个人口味加入蜂蜜即可。

薄荷

Mint

Mentha

饮料 料理 香氛 驱虫 药用

别名：苏薄荷、银丹草、土薄荷

产地：西班牙、意大利、法国、美国、英国、巴尔干半岛、中国等地

利用部位：茎、叶

中医用薄荷作为发汗解热剂，有清凉提神效果，内服用于治疗感冒、头疼、喉咙痛、牙龈肿痛等；外用则可治疗神经痛、皮肤瘙痒等症状，但若用量过大，皮肤会有轻微刺灼感。

薄荷为唇形花科多年生草本植物，品种繁多，以绿薄荷、胡椒薄荷最具代表性。全草富含薄荷醇等挥发油成分，气味清凉具穿透力，是厨房里的料理调味香草，当成沙拉就是餐桌上的清爽蔬菜，也是中医常用的良药，内服外用疗效都好。这特殊香气可提神醒脑、舒缓疲劳、消胀气，能使口气清新，还能防止病虫害，最适合在炎炎夏日中制成清凉冰饮，精神舒畅。

应用

- 烹调上可做腌制、煎炒、烧烤或汤品的调味，亦可冲茶、搭配饮料。
- 提炼芳香精油，加工制成口香糖、牙膏及各款沐浴用品。

保存

- 薄荷相当好种植，最好是在家中以水或土植栽一盆。新鲜薄荷叶以袋装好，置于冰箱冷藏可保存数日。
- 干燥后密封装好，置于通风阴凉处，避免阳光直射。

其他薄荷品种

绿薄荷（Spearmint）

也就是荷兰薄荷，叶片较胡椒薄荷大，有细小锯齿边，是薄荷中最具甘甜味的，适合制作轻食与泡茶饮用，可加在生菜沙拉、冰淇淋、调味酱汁、鸡尾酒或花草茶中。

胡椒薄荷（Peppermint）

原产于欧洲，是绿薄荷与水薄荷的杂交品种，叶片较软无缩皱，除清凉气味外，还带有淡淡胡椒香，故而得名，制成药用居多，也可为烈酒添香。

欧美香料

辣椒天使面佐胡椒薄荷

胡椒薄荷味道重又刺激，搭配辣椒、大蒜等重口味香料一起渗入天使面中，就算没有酱汁也会美味。

香料 大蒜 3 克、红辣椒 8 克、胡椒薄荷 5 克、白胡椒粉适量

材料 意大利天使面 100 克、橄榄油 25 毫升、水 600 毫升

调味料 盐适量

作法

1 大蒜、红辣椒都切成片状。

2 水煮滚后放入盐和橄榄油，再放入意大利天使面，煮 4 ~ 5 分钟后滤干水分。

3 起锅加入橄榄油、大蒜、红辣椒炒出香味，再加入天使面拌均匀，最后放入盐、白胡椒、胡椒薄荷调味拌匀即可。

绿薄荷沁凉甘甜，搭配蔬菜猪肉一起入口，味道清新爽口，香气十足。

欧美香料

绿薄荷煎藕饼

香料 绿薄荷 5 克、红葱头 10 克

材料 猪绞肉 120 克、煮熟莲藕 80 克、虾米 50 克、鸡蛋 1/2 颗

调味料 玉米粉 15 克、盐适量、糖 3 克

作法

1. 虾米先泡水过滤，绿薄荷、红葱头切碎。
2. 将猪绞肉、作法 1 材料和 1/4 蛋液、盐、糖拌在一起制成肉馅。
3. 煮熟的莲藕片先蘸玉米粉，两片的中间包入适量肉馅，外面再蘸一层玉米粉和剩下的蛋液。
4. 热锅，放入适量油烧热，将作法 3 的材料以中小火煎至两面上色，再放入已预热的烤箱以 180 度烤约 8 分钟即可。

香草

Vanilla

Vanilla planifolia

从甜品、饮料到料理，全方位应用的黑色香料皇后

料理　烘焙　香氛　药用

别名：香荚兰、香子兰、香草兰、冰淇淋兰花、梵尼兰

产地：原产于墨西哥埃尔塔欣地区，马达加斯加是目前世界最大的香草荚出产国

利用部位：香草豆荚

香草是世界上非常重要的食用香料，它来自香荚兰发酵后的果荚，香味浓郁持久。其香味源自豆荚里名为香草精的化合物，鲜豆荚没有什么香味，需要经过杀青、发酵、烘干、陈化等烦琐冗长的加工过程，才能制作出散发浓郁香气的香草荚，是非常费人工和时间的昂贵食用香料，高贵程度仅次于番红花。

香草的运用范围非常广泛，它不单是甜品蛋糕、菜肴料理的必备香料，也是名酒、香水、化妆品，甚至是医疗用品的原料，因此贵有“香料皇后”的美誉！

香草荚含有 250 种以上的芳香成分及 17 种人体必需的氨基酸，具有极强的补肾、开胃、除胀、健脾等医学效用，是非常天然的滋补养颜良药。

应用

- 香草的豆荚，又叫香草枝，因为开花授粉后的豆荚才是重要的应用部位，又须经过多道发酵等加工程序才能成为香草荚，是非常名贵的香料，应用广泛。
- 黑色的豆荚中含有无数黑色种子，少量入菜或制作甜点就能得到非常大的提香效果。
- 整根香草荚香气浓郁，可直接和糖放入密封罐里（或取籽切段后的豆荚亦可），让香草味道慢慢释放，即可自制香草糖；或浸泡烈酒，就是风味绝佳的自然香料；做甜点和咖啡皆可用。

保存

新鲜香草荚的保存方式需特别注意：避免阳光直射、接触空气，10 ~ 15 度是最佳保存温度，如要放冰箱冷藏，一定要装在密封袋，再放入密封玻璃罐保存，或是直接放入脱氧真空袋，保鲜效果更好。

适合搭配成复方的香料

香草的搭配应用非常广泛，只要常用于甜品蛋糕的香料植物，皆适合调制复方，如：罗勒、薄荷、百里香、迷迭香、欧芹、薰衣草等。

辨别香草荚等级

“长度”是首要条件，22 厘米以上为极品，14 厘米以下的香草荚为一般品。

天然香草精

使用纯香草豆荚制成，一瓶香草精约使用 20 支天然香草豆荚，经食用酒精、蒸馏水泡制而成。天然的香草精，在包装上一定会有 Natural、Nature 或 Pure 等字样，选购时可特别留意标示。

印象中香草较常运用在甜点或冰淇淋里，其实香草籽搭配清淡的鸡肉，与鲜奶油混合，可是法式料理的常见作法呢！今天就让我们来试试这道家常的白酱料理吧。

法式香草白酒奶油鸡块

(香料) 香草荚 1 根或香草精 3 毫升、新鲜百里香 3 克或干燥百里香 2 克、红葱头 3 克、白胡椒粉适量

材料 鸡胸肉 160 克、培根 60 克、洋葱 80 克、黄油 20 克、鲜奶油 150 毫升、白酒 100 毫升、洋菇 50 克、橄榄油 20 毫升

调味料 盐适量

作法

1 鸡胸肉切大块后，撒盐、白胡椒粉抹匀；洋葱与红葱头切碎；培根切条；洋菇切块，备用。

2 香草荚从中间剖开取籽备用（香草荚保留）。

3 热锅，在平底锅中放入橄榄油、黄油，加入培根、洋菇和作法 1 中的鸡胸块，以中小火煎至肉上色。

4 再放入洋葱与红葱头碎，加入百里香、白酒、香草荚籽，在锅中煮 10 分钟至香气散出，再加入鲜奶油煮 15 分钟，最后放上香草荚装饰即可。

point /

1. 取出香草籽的方法是先将香草荚纵向剖开，再利用刀子尖端部分，轻轻将香草籽刮出。

2. 参考使用的比例分量：一根重约 2 克的香草荚，可以制作约 2000 克的冰淇淋或 1 个 8 寸的芝士蛋糕。

3. 选购时要挑整根黑色、荚体饱满的香草荚，形状宽扁、硕圆都好，但要有肉质感，表皮薄而平滑、有光泽的为佳。抓过香草荚的手指会残留棕色黏液，擦掉后香味仍停留指尖不散者为优质品。

肉桂

Cinnamomum Cassia

Cinnamon

甜美微呛，适合为肉类及甜点增添香气

饮料 料理 烘焙 精油 香氛 驱虫 药用

别名：玉桂、牡桂

产地：中国、印度、印尼、越南及斯里兰卡等地

利用部位：树皮

肉桂在中医应用上可散寒止痛、暖脾胃，亦可改善血液循环不良、手脚冰冷的问题，且有降低胆固醇、降血糖等功效。

肉桂属樟科，气味辛香，产地不同则有不同的辛香程度，其中栽种于斯里兰卡的肉桂相较于中国、印度等地生产的肉桂，风味更加香甜浓郁，少了灼辣感，也含有较少的香豆素。

在欧美料理中，肉桂经常用来做甜点或炖水果，欧美人圣诞节一定要喝的香料热红酒里一定有肉桂香气。其他料理也很常用到，比如在中东，肉桂经常用于鸡肉与羊肉的调味；印度咖喱、印度奶茶里也常看到肉桂的身影；台式卤包内也几乎不会少了肉桂这一味。因其带有甜味的特性，不管是甜点饼干或直接加入苹果茶内搅拌饮用都很适合。

应用

- 肉桂棒为树皮晒干后卷成条状，须经熬煮味道才容易散发出来，可用于炖煮或熬汤料理上，提升肉类的风味。
- 肉桂磨成粉状后更方便使用，除可用于咖喱或饮料的调味，还可直接撒在甜点上。
- 台式卤包的重要香料之一。

保存

肉桂棒最好放置于密封盒或玻璃罐内，且避免阳光直射。肉桂粉也是密封保存避免受潮。

适合搭配成复方的香料

可与小茴香、丁香、八角、肉豆蔻等香料调制的咖喱搭配作为肉类的调味；制作糕点时则可与姜、香草等香料搭配。

肉桂加上一点点的丁香和红酒是绝配，很适合搭配梨子、苹果或柑橘做成热的甜品。不想加水果的话，单纯做香料热红酒在冬天喝也很幸福。

欧美香料

法式肉桂红酒西洋梨

香料 肉桂棒 1 支、香草荚 1/2 支、黑胡椒粒 6 粒、丁香 2 粒

材料 西洋梨 3 颗、红酒 500 毫升

调味料 糖 120 克、柳橙汁 100 毫升

作法

1 西洋梨去皮备用。

2 将糖放入锅内煮成棕色，再放入柳橙汁、红酒和所有香料。

3 把西洋梨放入锅中以小火煮约 30 分钟即可。

point

西洋梨如果不好买，可用水梨或苹果替代。

鱼腥草

Hot Tuna

Houttuynia cordata

煮过就没腥味的香料，神奇的天然抗生素

饮料　料理　药用

别名：蕺菜、臭臊草、十药、折耳根

产地：中国、日本、中南半岛

利用部位：茎、叶

鱼腥草味辛性微寒，内服可清热解毒、纾缓呼吸道疾病，又因含丰富的钾，可利尿消水肿，解决因盐分摄取过多造成的疾病；外用则可治疗皮肤过敏。

鱼腥草为多年生草本植物，因其根茎捣碎时会散发鱼腐臭味而得名，但经高温滚煮或晒干后腥味就会消失。在台湾常见的鱼腥草茶，可治疗感冒咳嗽；在日本会将新鲜的叶片油炸后作为野菜天妇罗，当成健康食材食用。

散发鱼腥味主要是含有能抗菌的葵酰乙醛，药用价值相当高，能增强身体抵抗力，清热解毒又固肺，被称为天然的抗生素。若以鱼腥草泡澡或将叶片捣碎，将汁液涂擦皮肤，还可改善皮肤过敏，如荨麻疹等，还有美白功效。

应用

- 新鲜鱼腥草稍微汆烫就能去除腥味，作为蔬菜食用；干燥鱼腥草可冲泡成茶饮、酿酒、炖鸡汤等，是青草茶里的常用材料。
- 将鱼腥草萃取加工做成化妆保养品，有抗敏感、美白效果。

保存

干燥鱼腥草置于密封罐内，放于阴凉处可保存 1 ～ 2 年。

气味独特的鱼腥草经高温滚煮或晒干腥味即消失，搭配马铃薯做成脆脆的煎饼，调味时添上胡椒的香辣气味，暖身健康又风味十足。

欧美香料

鱼腥草马铃薯煎饼

香料 干鱼腥草3克、黑胡椒碎适量、粉红胡椒碎适量

材料 马铃薯180克、奶油15克

调味料 盐适量

作法

1 干鱼腥草切碎、马铃薯去皮，切薄片后切丝备用。

2 切丝的马铃薯加盐稍微腌制，待马铃薯出水后沥干水分，再放入黑胡椒、粉红胡椒碎和干鱼腥草。

3 热一圆形平底锅，放入奶油、马铃薯丝用锅铲压平，再整成和锅缘差不多的圆形，以小火慢煎至两面上色至熟即可。

鱼腥草花

鱼腥草为重要的药用植物，开黄白色小花。

point

这道菜不用面粉，直接以马铃薯的淀粉塑形，不过马铃薯要切细丝，切成粗条的话容易散掉。

杜松子

Juniper berries

Juniperus communis

以琴酒和德国酸菜闻名的药用香料

饮料　料理　香氛　药用

别名：杜松、刚桧、松杨、香柏松、欧刺柏

产地：意大利、法国、匈牙利以及北美地区

利用部位：种子

杜松子是强大的抗氧化剂，抗菌、排毒（发汗）、利尿（排水），被认为对缓解与肾脏、膀胱或尿道相关病症非常有效，孕妇需避免食用。

杜松子是欧刺柏的果实，广泛生长在北半球，欧洲北部、亚洲、北美都有其踪迹。古埃及人以它做消毒剂；古希腊、西藏都以焚烧杜松子来杜绝传染病蔓延，为当地重要的药用香料。

杜松子果实由绿转为蓝黑色成熟果实需 2 年，闻起来气味清新略带辛辣木头味，尝来刺鼻微苦，除用作药材外，也是调制饮料的添加物或腌制食材的调味香料，尤其适合搭配膻味重的肉类炖煮，更是琴酒的主要调味成分，亦能制成芳香精油提振精神。

应用

- 在欧洲常用于腌制食材的酱汁或炖煮肉类、泡菜的调味，如德国猪脚即是一例。
- 可冲泡成花草茶，亦可制成杜松子酒，即为著名的琴酒（Gin）。连啤酒、白兰地也能以杜松子调味。
- 萃取出的精油，可收敛、杀菌、解毒，对于治疗青春痘颇有效果，芳香气味可提神和抗忧郁，改变心情。也可制成胶囊、药膏或涂剂等多种形式。

保存

果实干燥后，密封装罐置于阴凉通风、不被太阳直射处。

酸菜里加入杜松子是德国正统作法，杜松子香味可增加料理鲜味，欧洲很多腌渍菜和德国酸菜都喜欢用杜松子来提鲜及解油腻，拿来佐德国猪脚更是美味。

欧美香料

德国酸菜佐水煮马铃薯

香料 杜松子 5 克、丁香 2 克、月桂叶 1 片、白胡椒粉适量

材料 卷心菜 350 克、培根 120 克、洋葱 80 克、橄榄油 50 毫升、马铃薯 1 颗、水 100 毫升

调味料 白酒 120 毫升、白酒醋 100 毫升、盐适量

作法

1 卷心菜、洋葱、培根切丝；马铃薯切块煮熟，备用。

2 用干锅炒香杜松子、丁香，待香味散出后放入橄榄油、培根、洋葱、卷心菜，炒至洋葱呈金黄色。

3 放入月桂叶，加入白酒、白酒醋和水，炖煮至月桂叶香气释放。

4 最后加入盐和白胡椒粉调味即可。

point／

先用干锅把杜松子的味道炒香，再放入其他材料让锅气融入食材，最能表现料理香气，层次丰富。

辣根

Horseradish

Armoracia rusticana

温和呛辣的西方芥末，山葵酱原料替代品

料理　药用

别名：西洋山葵、马萝卜、山萝卜、粉山葵

产地：欧洲东部和土耳其

利用部位：叶、根、种子均可食用，主要以地下根茎为调味辛香料

辣根味辛，性温，是消胀气的肠胃良药，也有利尿、兴奋神经的功效，含有人体所需的多种营养素，有抗癌效果。

辣根是十字花科辣根属、多年生宿根耐寒植物，嫩叶可做蔬菜食用。辣根的根质肥大，肉为白色，具有刺激鼻窦的香辣气味，磨一磨吃起来味似芥末，却较为温和，也是山葵粉、山葵酱原料之一。将根部磨成糊状的辣根泥可和白醋、乳酪、蛋白等调成辣根酱，有白色芥末的称号，常用于西餐的鱼、肉调味增香，还能防止食物腐败。

新鲜的辣根味辣气味呛浓，建议每次酌量食用，而孕妇及有消化道溃疡者应避免食用，以免刺激性食材对身体造成不良反应。

应用

- 嫩叶可做生菜沙拉。
- 地下根茎磨碎后与乳酪、蛋黄可调成辣根酱佐餐。
- 可加工做成辣根片、辣根粉等调味料，辣根粉溶水后很辣，是山葵粉的原料。

保存

鲜辣根包好置于冰箱冷藏保鲜，根会随着木质化渐渐变硬。如果买不到鲜辣根，可用罐装辣根酱取代，须冷藏保鲜。

欧美香料

酥炸鸡柳佐辣根酱

辣根酱温和的酸辛辣与鲜奶油混合可让香气提升，搭配以柠檬汁腌过的炸鸡柳条，可消化炸物的油腻感，让人一口接一口。

香料 辣根酱 50 克、白胡椒粉适量

材料 鸡胸肉 160 克、大蒜 15 克、鸡蛋 2 颗、白酒 60 毫升、中筋面粉 60 克、面包粉 120 克、柠檬汁 30 毫升、炸油 500 毫升、鲜奶油 100 毫升

调味料 盐适量

作法

1 鸡胸肉切条状，大蒜切碎备用。
2 将鸡胸肉条、大蒜碎与白酒、柠檬汁、盐、白胡椒粉抓匀，腌约 15 分钟。
3 将腌过的鸡柳条依序蘸上中筋面粉、蛋液、面包粉。
4 热油锅到约 180 度，放入作法 3 的材料以中火炸熟鸡柳条。
5 鲜奶油打发成霜状，再加入辣根酱拌匀。
6 将调好的辣根酱附在炸好的鸡柳条旁，蘸食调味即可。

point

辣根酱除了可蘸炸物外，烤牛排时也可附带在旁佐食，一样可去腥，增加牛肉风味。

PART 3

南洋料理的香料日常

酸酸辣辣的滋味，是南洋料理予人的重要记忆点。罗望子的酸、青辣椒的辣，佐以香茅、莱姆叶、南姜、刺芫荽，再配上常用的鱼露、椰浆等，谱出让人一想起，唾液就轻轻分泌的好味道。

在东南亚的传统市场里，每一摊几乎都能买到家庭所需的新鲜香料。摄影／欧阳如修

产地特权，新鲜的味道才好

文／欧阳如修、冯忠恬

东南亚气候温暖，良好的农作条件让这里自古以来便是世界的香料王国，原产于此地的豆蔻、丁香、肉桂等，都是让西方趋之若鹜的香料作物。有趣的是，这些备受各地青睐的干燥香料，却不是形成东南亚饮食特色的主力，“比起干燥及磨粉，新鲜的味道才好”，

传统市场里的新鲜南姜

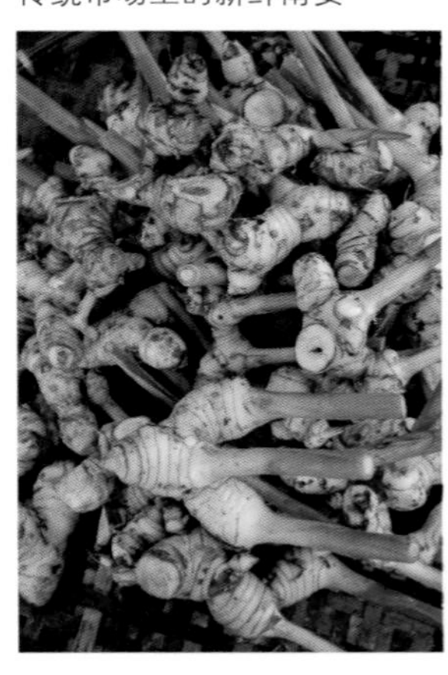

这是东南亚朋友的共同说法，之所以可以如此肯定，源于这片丰饶的香料主要产地。

南姜、柠檬叶与香茅，是南洋料理最常用到的三种香料，不过南洋料理里的香气，除了香料外，烹调时广泛运用的调味料，如鱼露、蟹肉酱、虾酱、椰浆等，也是创造丰饶气味的绝佳帮手。比起印度或日本咖喱，南洋咖喱香料与调味料的拿捏更具分寸，如何创造出酸香辣的平衡气味，考验着主厨的功力。

不像印度咖喱喜欢以香料直接调香（在印度没有咖喱块），南洋咖喱会做成粉状或膏状方便使用，且随着地区不同，会加入如罗望子、鱼露、月桂叶、椰浆等不同材料。以泰式咖喱来说，绿咖喱以新鲜的青辣椒为主轴，红咖喱则以干燥的红辣椒为主调，再加入如柠檬、南姜、大蒜等辛香料。

南洋料理：讲究新鲜度与香味的平衡饱满

无论是泰国、印尼、马来西亚的传统市场，都是找寻新鲜香料的最佳地点。手感鲜嫩的香茅、还透着水气的南姜、饱满清香的柠檬叶……一把 10 泰铢，还是得看了摸了闻过了，才能从好中挑出最好的。这些在国内难以寻得的新鲜香料，都是东南亚生活里随处可得的必备食材。

南洋料理讲究新鲜度与香味的平衡饱满，虽然东南亚各国的香料选项大致相似，但根据比例及调配的差异，创造出各国不同的饮食个性：泰国菜够味，印尼菜浓郁，越南菜淡雅却醇厚，马来西亚与新加坡菜融合华人、印度及当地香料特色，柬埔寨菜质朴圆润，缅甸红通通的酱汁却有意想不到的温和。除此之外，每一国也有自己的秘密武器，如泰国的绿茄、印尼的石栗，独特的香味及口感，仿佛在这一片香料舞台上插旗

泰国著名的海鲜酸辣汤——冬阴功汤，里面有柠檬香茅、罗望子、南姜等，香气十足。

曼谷丹嫩沙多水上市场（Damnoen Saduak Floating），船上的小贩售卖多种以香料调味而成的泰国食物。

打抛猪肉少了打抛叶，不管九层塔多么明艳动人，在泰国朋友的嘴中就像走音的歌曲，唱不到对味的旋律。

宣示自己的独一无二。但就在酸、甜、咸、辣的平衡中，各种繁复的香味使用，往往没有真正制式化的规定；那个多一点、这个少一撮，在看似无关痛痒的加减拿捏中，掌厨人舌尖上的经验，成为味道是否“对了”的最精确依据。

重视香料的食疗效果

南洋使用香料的历史起源于公元前三千年古印度的医学吠陀经。远古时期的香料多用于医疗、防腐与薰香，其具有刺激性的香气，不但可以赋予食物独特的风味，也可以促进健康，所制造出来的酸辣甜香效果，也让当地人的食欲在炎热时节依旧不减。南洋料理的厨师们，在追求美味的同时，也兼顾辛香料的保健功效，让食味、食疗在享用佳肴的同时也共同拥有。

讲到东南亚香料植物，首推柠檬香茅。其明亮的香气具有极高的辨识度，几乎可以跟泰国菜的印象画上等号。柠檬香茅使用时只留下带粉红色的茎部切片做凉拌或酱料、以木棒敲裂切末热炒，或是直接切长段敲裂，拿来炖汤提香。著名的海鲜酸辣虾汤——冬阴功汤，其中的柠檬香茅除了担任主要香气，也去除了海鲜的腥味。其他如巴东牛肉、绿咖喱、香茅烤鸡等也都有柠檬香茅的重要一席。除了增加香气，柠檬香茅还能去除油腻、帮助消化、促进血液循环，在西方世界也开始风靡。

姜、姜黄及南姜，看起来像一家人，味道却大异其趣。姜黄是咖喱的黄色来源，在东南亚各国，姜黄的颜色及味道都非常浓郁，常与椰奶搭配，让姜黄特有的辛香气味借由椰奶变得柔和。在印尼，姜黄更是不可少的吉祥食物，堆成尖塔的金黄色姜黄饭，是接待贵宾及重要时刻的佳肴。除用于烹饪之外，姜黄具备的消炎抗菌的功效，也使其成为居家保健的药用食材，煮水喝能减缓感冒的症状，将之捣碎还能作为杀菌及伤口愈合的敷药。颜色淡白、辛辣中带着柑橘香味的南姜，最常被用来搭配鸡肉、海鲜、煮汤或加入咖喱。我们所熟悉的姜，在东南亚的料理中虽然常站在配角的位置，但却有 Kopi Jahe（生姜咖啡）等用法，拓展了我们对于生姜使用的想象力。

带着各种香气的香叶植物：柠檬叶、咖喱叶、打抛叶、柠檬罗勒、刺芫荽、薄荷等，足以看得外地人眼花缭乱，但在当地人眼里，单独使用或排列组合，都有承袭家族记忆的气味地图。泰国及印尼的咖喱惯用柠檬叶，缅甸和马来西亚的咖喱以咖喱叶为主。即使迁居台湾已久的缅甸华侨，咖喱中的咖喱叶香气，不论多久，都能牵引对家乡的想念。在台湾，打抛猪肉少了打抛叶，不管九层塔多么明艳动人，在泰国朋友的嘴中就是像走音的歌曲，唱不到对味的旋律。带着温润芋香的香兰草，更是无法取代的甜品灵魂，偶尔能买到市面上干燥的香兰叶，以解游子的乡愁、让品尝过地道原味的旅人回味。新鲜食材所无法取代的滋味，因有了对比而更加强烈迷人了。

用印尼磨盘（Ulek-ulek）磨碾出来的香气无可取代，看似轻松的动作，其实需要经年累月的训练。

东南亚传统市场里的新鲜青柠，前方为皮薄多汁的无籽青柠，右边皱皱的是泰国柠檬，其叶子即是常用来调味的柠檬叶。摄影 / 欧阳如修

除了蔬菜以外，东南亚的水果香料们也没有在料理中缺席。酸酸的罗望子，成熟的时候看起来像土色的长豆，果肉酸软，尝起来有乌梅的滋味，可做蜜饯、调成果汁，做成酱料或直接加入汤中炖煮，则是许多东南亚料理中酸香味的来源。泰国青柠凹凹凸凸的外皮极具特色，但果肉却不是主角，香气爽朗的柠檬叶才是使用最广的香料之一。从咖喱、炖菜、热炒或汤品，柠檬叶都可以为整道菜带来画龙点睛的滋味；柠檬皮则会被用于泰式及老挝的咖喱之中。

为了香气而生的道具：传统的臼与石磨

即使到了今日，泰国及印尼许多厨房还是能见到传统的臼及石磨，这来自当地人的坚持，比起现代的机器，传统的道具才能让食材真正发挥香气且结合成口感绵密的酱料。这并不是崇拜手感的想象；机器式的搅拌机，只能单一方向切断食物的纹理，加上机器发热容易影响食物的芳香，打成泥状、成了碎末的食物却没有融合的滋味，远不如用熟练的手法和道具本身质地，让食材在分裂的过程中彼此交融，以鼻嗅出香气的散发，以眼观察质地的变化。这对千百年来沉浸于食物香气的东南亚料理来说，或许是种即使在快速的现代化步伐中，也无法妥协的仪式及坚持。

泰国捣臼 khrok saak

泰国料理大多讲求快速、原味，某些经典菜系如大家熟知的青木瓜沙拉或各种凉拌菜，会将全部材料放进 U 型的臼中，以杵用力地将材料捣碎或软化，不但能释放食材的香气，并让各种材料融合为一体。泰国的臼以石头做成的则尺寸较小，主要用来研磨香料食材，或捣磨咖喱酱料；以木头及泥土做成的尺寸则较大，多用来做上述所说的凉拌及沙拉料理。

印尼磨盘 ulek-ulek

印尼的朋友说，印尼菜最花时间的工序就是要将食材磨成酱泥。浅浅的印尼石磨盘，以弯曲尖筒状的石磨杵旋转、压碾、磨细，有经验的人能够灵活驾驭手中的石杵，让所有食材像被圈赶的羊群一样集中在盘里完整地释放香气，并且不断地交错融合。据说要将原本质地不同的各种食材磨成完全的泥状，光一顿家常饭菜就要花上半个钟头的时间来磨制。但成品出来的香气，总会令人甘心下一餐饭再度捧出沉重的石磨来。

南洋料理常见香料一览

莱姆叶（柠檬叶）

具强烈柠檬香，以完全展开的成熟叶片香味最浓（嫩枝叶片香气较差），在烹调的一开始就要加入，利用久煮让香味散出，适合和鸡肉、海鲜一起料理，可去腥解腻。

打抛叶

和九层塔味道相似，却有种幽微的差异，做打抛猪肉时，若以九层塔取代，泰国朋友一定会说不地道。

味道强烈，常在快炒或咖喱起锅前撒上一把，香气十足，且和椰奶的味道很搭。

辣椒

可去腥杀菌，除了直接用新鲜的红、绿辣椒外，辣椒粉、辣椒酱、辣椒油也都被广泛使用。

柠檬香茅

有独特的香味，是泰式料理清蒸柠檬鱼和酸辣海鲜汤里一定要有的香料，有新鲜跟干燥两种，料理时主要取茎白部分，可先用刀背、石臼压一下，让香气散出，再整枝或切成小段放入。

咖喱叶

散发柑橘味的香料植物，新鲜叶片捣烂时香气更明显，干燥叶片可先干炒或烤过让气味更加浓郁后再来烹调，适合用来炖肉，也是缅甸或马来西亚制作咖喱时的重要香料之一。

薄荷

清雅的味道，很适合用来提味，通常都是使用整片新鲜叶子，比如越南春卷里常包有薄荷，一些甜品也喜欢以薄荷来增味，很能促进食欲，能解腻清口腔。

香兰叶（班兰叶）

南洋料理里的甜点好朋友，有着淡雅的芋香，可做糕点、蛋糕，也可以调出美味的抹酱，西谷米、娘惹糕、甚至著名的海南鸡饭都能看见它的身影。

南姜

分大南姜和小南姜，大南姜带苦味，小南姜较辛辣。料理上常用的是小南姜，除了有姜的辣味外，还带有柑橘香。

姜黄

咖喱里的金黄色泽通常就是姜黄的功劳。姜黄粉是南洋咖喱最常用的调味料，在南洋主要用于蔬菜和豆类的烹调，也有抗氧化的食疗效果。

月桂叶

欧洲、地中海、中东、南洋等地常用的香料植物，能提香、去除肉腥味，并有防腐效果，多用于煲汤、炖肉、炖煮海鲜或蔬菜等，通常是整片叶子稍微撕碎后直接和食材一同炖煮，可先用干锅炒过或入烤箱烘烤，待烤出香味再烹调味道更佳。

刺芫荽

叶状具刺，整株散发浓烈的芫荽气味，口感清淡却带有复杂层次，像是胡椒、薄荷及柠檬的综合味，市场上俗称为“日本香菜”，可切碎后入锅烹煮，是酸辣海鲜汤里的重要香料之一。

罗望子（酸枳）

有特殊酸味，是南洋料理里酸味的重要来源，不少泰式酱料都有加罗望子，酸味一点都不输柠檬。罗望子酱可入菜直接烹调，新鲜罗望子则需先取汁与温开水调匀后过滤，在南洋料理中，炒饭、煮面、炖汤需要酸味时都可用，泰式著名的青木瓜沙拉也会加罗望子汁一起凉拌。

调香篇

黄咖喱粉

咖喱这两字的语源来自南印度的泰米尔语，意思是调味汁，音译为“咖喱”。印度、泰国、日本的咖喱风味各异，主要分为红咖喱、绿咖喱、黄咖喱三种。全世界最普遍的黄咖喱主要的金黄色泽来自姜黄粉，特殊芳香能勾起食欲，更有保健功效，是很健康的芳香调味料。

腌肉、煮酱汁、炒菜炒饭

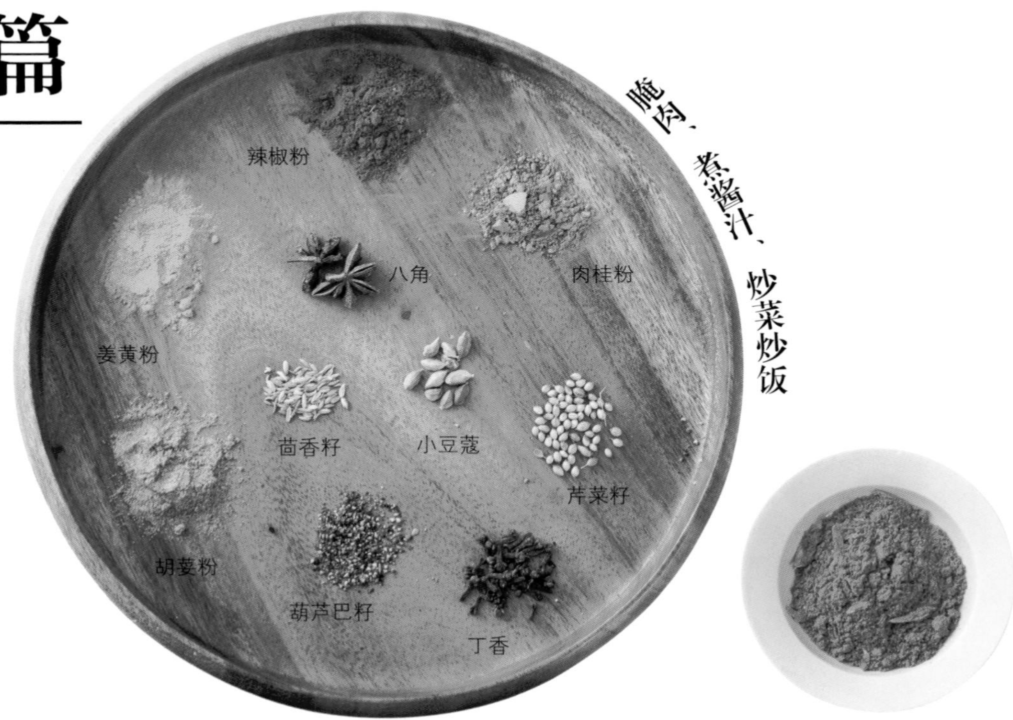

香料 芫荽粉 10 克、肉桂粉 5 克、小豆蔻 5 克、姜黄粉 30 克、葫芦巴籽 2.5 克、芹菜籽 2.5 克、茴香籽 2.5 克、辣椒粉 2.5 克、丁香 1.5 克、八角 2 粒、黑胡椒粉 2.5 克

作法

1 取一口干锅，放入所有的辛香料以小火慢慢翻炒到香气散出，再起锅待凉。

2 将炒过的香料放入食物调理机或以石臼手磨，磨成粉状即可。

point

黄咖喱酱汁配米饭或烤饼一起吃，就是香喷喷的开胃餐。

大蒜月桂油

用途　煎鱼、肉类

材料　橄榄油 250 毫升

香料　月桂叶 6 片、大蒜 6 颗

作法

1 将大蒜、月桂叶洗过，用纸巾轻按压吸干水分。

2 取锅，将大蒜、月桂叶放在锅中后，加入橄榄油，以小火加热至油起微泡时，关火静置放凉即可。

3 密封放通风干燥处，不碰水可放 2 星期。

香料
盐

亚洲风味盐

用途　腌肉

材料　海盐 200 克

香料　八角 5 克、花椒 5 克、丁香 3 克、小茴香籽 10 克

作法

1 干锅加热后，放入海盐炒干约 1 分钟。

2 再加入八角、花椒、丁香、小茴香籽炒至香气散出且辛香料变干时即可起锅摊平降温。

3 密封放通风干燥处，不碰水可放 2 ~ 3 星期。

越南河粉

材料 牛骨 200 克、无骨牛小排 160 克、河粉 100 克、豆芽 10 克、洋葱 10 克、青葱 5 克、水 2 升、柠檬 1/2 颗

调味料 鱼露 30 毫升、糖 5 克、白醋 50 毫升

香草包 香菜 15 克、青葱 20 克、姜 20 克、蒜 15 克（放入香草包）

香料包 草果 2 克、花椒 1 克、肉桂 2 厘米、八角 1 克、白胡椒粒 1.2 克（放入香料包）

作法

1 牛骨先加白醋水煮过后清洗干净，锅中加水、牛骨、香草包、香料包，煮开后以小火炖煮约 2 小时即为牛骨高汤。

2 无骨牛小排用少许鱼露（额外）、糖腌一下，用煎锅煎两面上色，切片备用。

3 洋葱切丝；青葱切碎；河粉烫熟，备用。

4 将作法 1 的牛骨高汤过滤后，加鱼露拌匀，淋到装有河粉的碗里，再把作法 2 牛小排片排上，最后放豆芽、洋葱、青葱，食用前挤上柠檬汁即可。

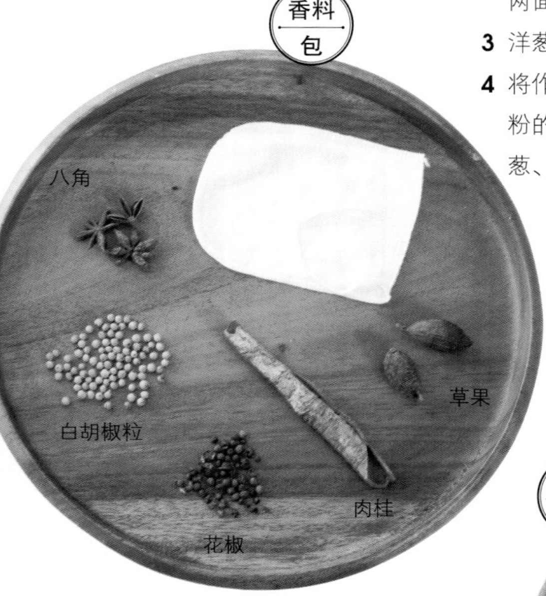

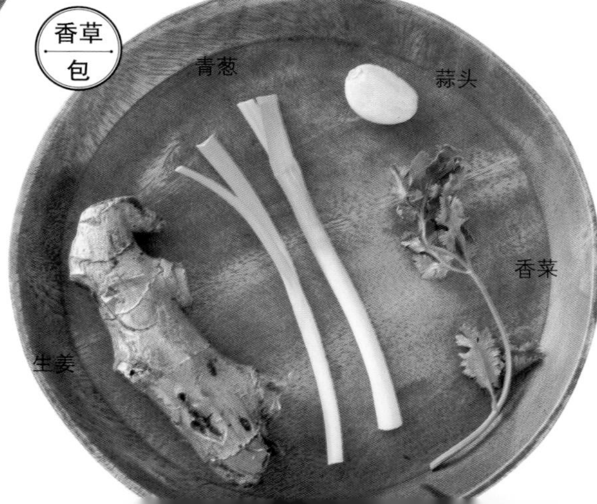

以白米制成的河粉配上以综合香草包+香料包长时间熬煮出来的牛骨高汤，有着独特香气，细看高汤很清澈，喝来却浓郁甘甜、滋味清爽，是越南从街边小吃到餐厅店家都有的著名美食。

泰式绿咖喱鸡

材料 鸡胸肉 150 克、椰酱 240 毫升、椰奶 300 毫升、椰糖 10 克、茄子 120 克、九层塔 25 克、红辣椒 15 克

香料 小茴香籽 5 克、芫荽籽 5 克、白胡椒粒 3 克、绿辣椒 50 克、新鲜南姜 3 克或干燥南姜 5 克、新鲜香茅 20 克或干燥香茅 30 克、红葱头 30 克、大蒜 30 克、香菜茎 5 克、虾酱 5 克、新鲜柠檬叶 2 片或干燥柠檬叶 3 片

调味料 A 盐 2 克、鱼露 35 毫升
B 盐 3 克

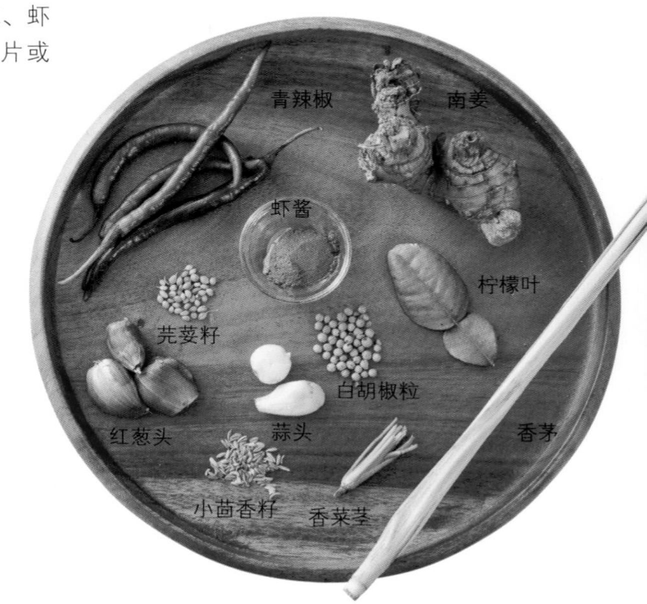

绿咖喱是以新鲜青辣椒代替干辣椒，再和其他辛香料一起捣成泥糊状，与南洋的椰奶搭配后，辣中却带着温和感，虽然颜色不讨喜，但后劲十足，嗜辣的人一试上瘾。

作法

1 鸡胸肉切斜片，茄子切滚刀块，九层塔取叶子。

2 将调味料 A 与除柠檬叶外的香料打成泥状，红辣椒切片。

3 起锅加入椰酱，煮至呈油状，放入打成泥状的香料炒出香味，再加入椰奶、椰糖。

4 加入茄子、柠檬叶、鸡胸肉片及调味料 B 煮开，最后加入红辣椒片、九层塔拌均匀即可。

泰式红咖喱牛肉

材料 牛肩肉或鸡胸肉 200 克、椰酱 200 毫升、椰奶 400 毫升、椰糖 15 克、小番茄 80 克

香料 小茴香籽 10 克、芫荽籽 5 克、白胡椒粒 4 克、红辣椒（去籽）50 克、干辣椒 6 片泡软切过、新鲜南姜 10 克（或干燥南姜 15 克）、新鲜香茅 20 克（或干燥香茅 30 克）、红葱头 10 克、大蒜 15 克、香菜茎 3 克、九层塔 10 克、柠檬叶 2 片（或干燥柠檬叶 3 片）

调味料 盐 5 克、鱼露 30 毫升

作法

1. 牛肩肉切片；小番茄洗净后，对半切；九层塔取叶子，备用。
2. 将除九层塔外的所有香料，放入石臼或食物调理机打成泥状备用。
3. 热锅，加入椰酱小火煮至呈油状，放入作法 2 香料泥炒出香味后，再加入椰奶、椰糖。
4. 于作法 3 锅中加入小番茄、牛肩肉及调味料煮至滚开，放入九层塔拌匀即可。

以红色干辣椒为主体，和其他辛香料一起捣成泥糊状，再加入椰汁带出红咖喱的甜味，是泰国料理中不可少的经典。

泰式料理主要以复方香料搭配酸辣调味作为基底，天然的酸香辣最能代表泰国的文化。

泰式酸辣虾汤

材料 鲜虾 8 只、草菇 30 克、小番茄 20 克、高汤 350 毫升

香料 红辣椒 2 支、朝天椒 3 支、柠檬叶 1 片或干燥柠檬叶 2 片、新鲜南姜 10 克或干燥南姜 15 克、新鲜香茅半支或干燥香茅 1 支、香菜茎 15 克（留叶）

调味料 鱼露 30 毫升、柠檬汁 120 毫升、糖适量

作法

1 南姜切片，香茅切段，红辣椒、朝天椒拍扁，小番茄对半切备用。

2 空锅不要放油，炒香南姜、香茅、红辣椒、朝天椒、香菜茎。

3 放入高汤慢煮把味道煮出，再放入鲜虾、草菇、小番茄、鱼露、糖、柠檬汁，最后撒上香菜叶即可。

印尼炒饭

材料 熟饭 150 克、虾仁 60 克、鸡蛋 1 颗、柠檬 1/4 颗、虾饼 2 片、小黄瓜 30 克、番茄 30 克、油 500 毫升

香料 罗望子 25 克、红葱头 10 克、红辣椒 20 克、蒜头 10 克、

调味料 虾酱 30 克、甜酱油 20 毫升、盐适量、白胡椒粉适量

作法

1 起油锅以约 180 度油温炸虾饼后，捞出沥油备用。

2 小黄瓜、番茄切片；鸡蛋煎成太阳蛋备用。

3 香料里的红葱头、红辣椒、蒜头先以石臼捣碎，再放入虾酱、罗望子用力捣成泥状。

4 热锅，先放入作法 3 的辛香料泥炒香，再放入虾仁略炒后，加入熟饭、甜酱油、白胡椒粉、盐调味炒匀，起锅盛盘。

5 盘子旁边排放虾饼、小黄瓜片、番茄片，最后在饭上放太阳蛋即可。

南洋的地道小吃，以甜酱油、罗望子及虾米和米饭一起炒匀，排盘时会出现多种配料，常见有小黄瓜、番茄、柠檬角，去油解腻。豪华的会加上沙嗲串烧、印尼虾片及煎蛋等，相当丰富。

point

如果买不到罗望子，为了取其酸味，可用 15 毫升白醋替代。

肉骨茶不是真的茶，而是新加坡、马来西亚家喻户晓的排骨香料药材汤，富含多种香料组合，很暖胃，胡椒味浓重却不呛，去湿补气对身体很好。

材料 猪骨 500 克、猪皮 100 克、带皮蒜头 25 克、猪小排骨或猪五花 200 克、人参须 6 克、党参 5 克、水 3.7 升、枸杞 1.8 克

香料 淮山 2.2 克、八角 1 克、陈皮 1.5 克、甘草 1.3 克、丁香 1 克、小茴香籽 0.5 克、白胡椒粒 1.2 克、桂皮 2 厘米

调味料 米酒 25 毫升、酱油 12 毫升、酱油膏 16 毫升、盐 5 克

作法

1 将淮山、八角、陈皮、甘草、丁香、小茴香籽、白胡椒粒、桂皮装入香料包里。

2 猪骨、猪皮、香料包和水慢火煮 1 小时后，将香料包捞起再放猪小排骨、人参须、党参煮约 40 分钟。

3 再将带皮蒜头加入，以调味料调味，煮约 30 分钟，最后加入枸杞即可。

南洋料理 常用香料

姜黄 Turmeric

Curcuma longa

天然着色香料，可增强抗体的黄色力量

料理　烘焙　药用　染色

别名：黄姜、郁金

产地：原产于热带泰米尔纳德邦、印度东南部

利用部位：根、茎、花

姜黄味辛性温，中医上有祛瘀活血效果，可治疗风湿、消肿酸痛及月经疼痛等。姜黄主成分姜黄素（curcumin）是非常强大的抗氧化物质，可抗癌、预防失智与心血管疾病。最新的研究还发现姜黄可以用来治疗恐惧，克服创伤后症候群（PTSD）。

姜黄属姜科类植物，主要食用部分为地下茎及花朵，味道呛而不辣、带点天然土味，常用于南洋料理，拿来炖饭、炒饭或作为腌肉的去腥剂，能让食材色泽呈现自然的鲜黄，是最天然的着色剂。其花朵和野姜花类似，整朵花呈现壮观的圆柱状，可直接料理食用。

鲜艳的姜黄粉是咖喱的主要香料之一。近年来印度失智症发病率低于西方国家，研究证实正与常吃含有姜黄素的咖喱有关，这让姜黄除料理外，更一跃成为热门的保健香料。 不过，有肝肾疾病、胃溃疡的人及孕妇不适合食用。

应用

- 新鲜姜黄花可直接入菜或熬煮成茶。干燥姜黄则在早期被拿来作为沙龙的染料。
- 姜黄粉是姜黄最常见的应用方式，可替料理调味、帮助去腥并增添菜肴香气，也能让食物呈现天然金黄色泽。
- 姜黄因具医疗保健效果，近年来被加工成热门的保健食品。

保存

- 将生姜黄放在通风、避免阳光曝晒处，可放 3 ~ 6 个月。
- 姜黄粉装盛于密封玻璃瓶，避免受潮变质。

适合搭配成复方的香料

姜黄粉搭配红辣椒、生姜、丁香、肉桂、茴香、肉豆蔻、黑胡椒等香料，即可调和成最常应用的复方咖喱香料。

欧美香料 南洋香料 印度香料 台式香料

姜黄 VS. 南姜

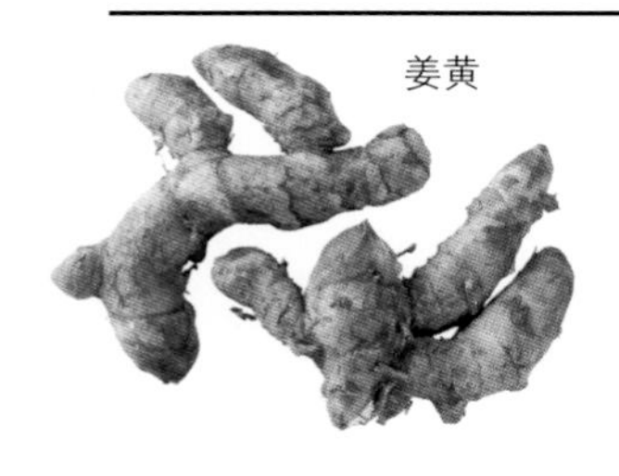
姜黄

同科不同属，姜黄块根颜色橘黄，是很强的可食用染色剂，带点微苦的辛辣；南姜颜色淡白，味道和姜类似却较温和，带有柑橘的香气，东南亚料理常用来煮汤或做咖喱。

南姜

姜黄辛香清淡且有淡淡的甜橙和姜味，很适合和鲜鱼一起料理。

南洋香料

越式姜黄烤鲜鱼

香料 姜黄粉 5 克（或新鲜姜黄切碎 10 克）、红葱头 5 克、大蒜 5 克、白胡椒粉适量

材料 鲜鱼 1 条（去鳞、去内脏）、色拉油 30 毫升

调味料 盐适量

作法

1 鲜鱼洗净在皮上划刀；大蒜、红葱头切碎。

2 将姜黄粉、大蒜、红葱头、盐、白胡椒粉混在一起。

3 将作法 2 材料均匀涂抹在作法 1 的鲜鱼上，腌约 30 分钟。

4 鲜鱼淋上色拉油，放入已预热好的烤箱中以 180 度 ~ 200 度烤约 20 分钟即可。

姜黄的块根

姜黄的外皮虽是褐黄色，内里则因不同品种有红、黄、紫等颜色，市面上贩卖的有新鲜和干燥两种。姜黄粉则是经干燥后所磨成的深黄色粉末，是咖喱的主要调色香料，大多用于腌渍食材、烘焙面包及帮助食材上色。

姜黄的块根是主要食用部分，晒干磨粉后，为咖喱粉的主要香料。

姜黄花又称郁金花，和野姜花外形接近，花朵可食。

以姜黄做印度料理

巴贾鱼片

姜黄除了南洋料理常用外，也是印度料理不可少的香料。这里也教大家一道只要准备姜黄、黑胡椒、辣椒粉，就能轻松上手的印度美味！以奶油煎鱼则是印度菜常用的去除鱼肉腥味的小妙方。

香料 姜黄粉 1 小匙、黑胡椒粉 1/4 小匙、辣椒粉 1/4 小匙、姜泥 1/2 小匙、蒜泥 1/2 小匙

材料 鲷鱼片 300 克、奶油 3 大匙、盐 1/2 小匙、柠檬 1/2 颗、中筋面粉适量（裹粉用）

作法

1. 鲷鱼先用盐、姜黄粉、黑胡椒粉、辣椒粉、姜泥、蒜泥和柠檬汁冷藏腌 20 分钟。
2. 在鱼片两侧裹上面粉，稍微用手压实后，用奶油煎熟。
3. 可搭配小黄瓜番茄沙拉食用（食谱请见 268 页），并随个人喜好撒上 Chaat masala 和柠檬汁。

point /

Chaat masala 和常见的马萨拉综合香料粉（Garam masala）不同，前者味道较强烈，通常直接撒在食物上，马萨拉综合香料粉则是作为料理的最后调味。

南姜

Galangal

Alpinia officinarum

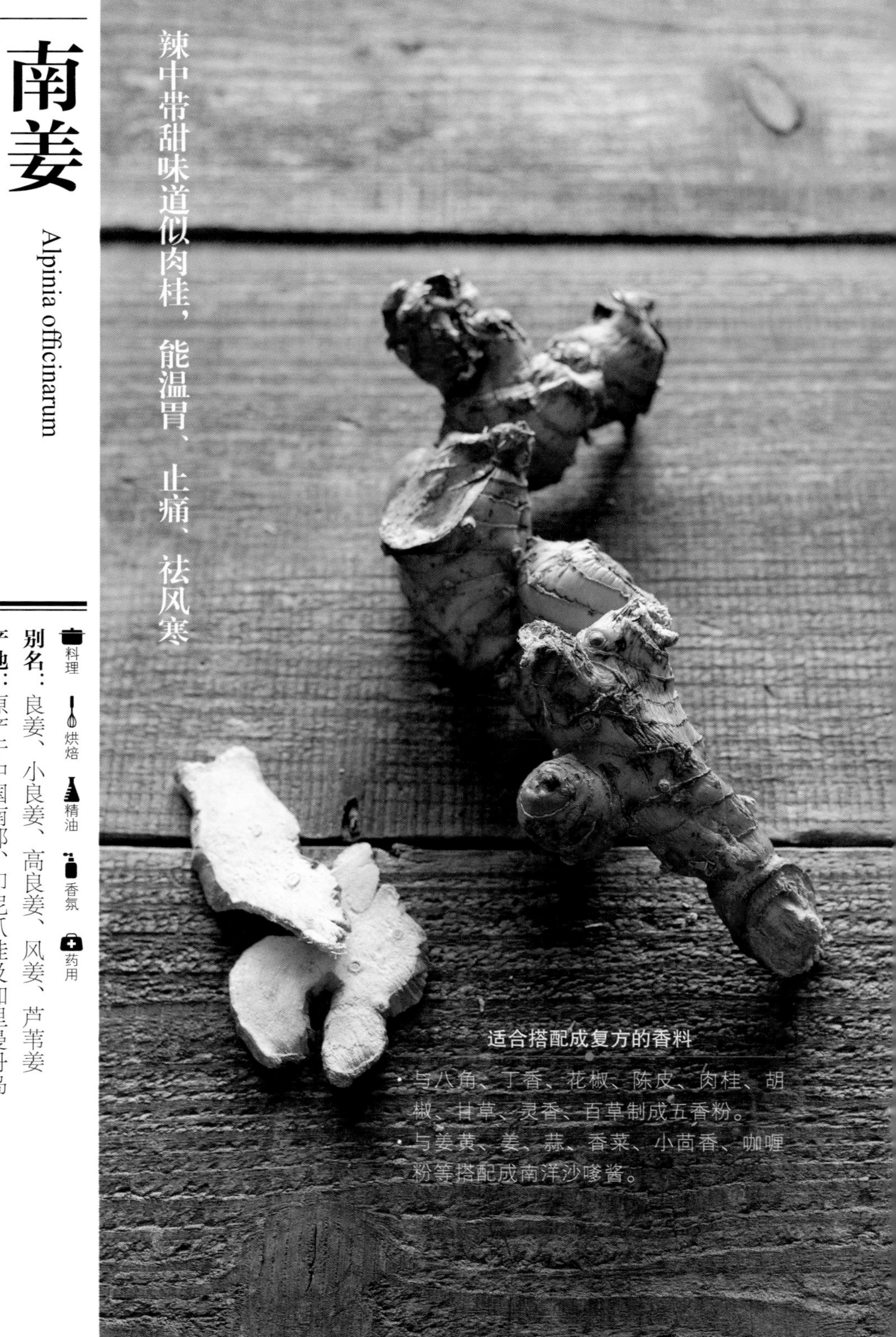

辣中带甜味道似肉桂，能温胃、止痛、祛风寒

料理 烘焙 精油 香氛 药用

别名：良姜、小良姜、高良姜、风姜、芦苇姜

产地：原产于中国南部、印尼爪哇及加里曼丹岛

利用部位：根、茎、花、叶

适合搭配成复方的香料

- 与八角、丁香、花椒、陈皮、肉桂、胡椒、甘草、灵香、百草制成五香粉。
- 与姜黄、姜、蒜、香菜、小茴香、咖喱粉等搭配成南洋沙嗲酱。

南姜干燥后入药，为中医临床用药可顾胃、助消化，针对鼻子过敏、鼻窦炎及过敏性体质也有改善效果。富含矿物质及维生素，其根茎含挥发油，红黄酮及多种抗氧化物，营养成分于任何体质皆能吸收，无副作用，搭配黑糖、红枣煮成茶饮可调整体质。

南姜喜欢温暖潮湿和阳光充沛的环境，是南洋料理中很普遍的香料。辣中带甜似肉桂，但带有微微呛味，含有姜黄素，具抗癌功用，并能温胃、止痛、祛风、散寒，加速血液循环，让人体保有战斗力。常见捣碎调制成酱料或煮成茶饮。

早期台湾也有食用南姜，台南古早味小吃“番茄切盘”就是酱油膏拌入南姜细末，吃来香气独特。《本草纲目》记载南姜以三年姜为上品，性温味辛，孩子发育不良，或妇女坐月子时，也常利用南姜炖煮鸡鸭。捣碎的南姜还能腌渍桃李等水果，也可以取代姜，和黑糖一起煮茶，味道较温和，可防止手脚冰冷。

应用

- 以根部大小分类有：
  （一）大南姜：原产于印尼，以药用居多，味道带苦。
  （二）小南姜：原产于中国，较辛辣，常用作调味料。
- 南姜根茎的幼嫩部位，最常以切片或切细末的方式和其他香料调味。
- 质地坚韧、纤维木质化明显的茎部，使用时需捣碎，常作为五香粉、沙嗲酱及咖喱酱的原料之一。
- 南姜的幼叶及嫩花苞亦可食用，能与其他叶菜类一同炒煮。

保存

- 新鲜南姜放置于阴凉通风处，即可保存数天。已有切口的南姜则可用保鲜纸包裹，放入冰箱冷藏保存。
- 干燥的南姜最好放入密封袋或密封罐冷藏保存，避免受潮变质。

新鲜南姜 VS. 干燥南姜

新鲜南姜

新鲜南姜切片、细末或捣泥后入菜调味，具有辛辣却不呛人的风味，是一级棒的去腥香料。

南姜的根茎干燥后较易保存，以切片状呈现，常用于泰式椰奶鸡汤、酸辣虾汤等经典南洋料理。

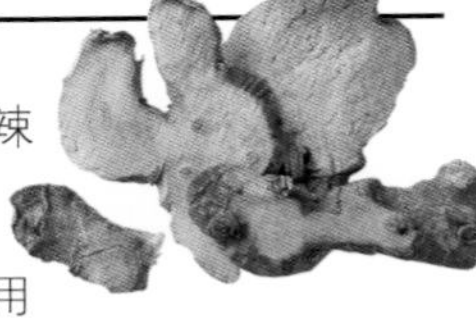
干燥南姜片

point /

蚬仔可以文蛤替代，这道料理暖身又护肝，是天然的滋补汤。

南洋香料

印尼南姜蚬仔汤

南姜虽辛辣但属性温和，取代台式料理常用的老姜跟蚬仔一起煮，辣味不同，还可提高免疫力。

香料 新鲜小南姜 20 克（或干燥南姜片 30 克）、白胡椒粉适量

材料 蚬仔 120 克、水 500 毫升

调味料 盐适量

作法

1 蚬仔以清水洗过，略微吐沙备用。

2 南姜切片备用。

3 热锅，放入水和南姜片煮至水滚后，加入蚬仔煮至开口，最后以盐、白胡椒粉调味即可。

黑糖南姜茶

材料 新鲜小南姜 30 克（干燥小南姜 50 克）

黑糖 30 克

水 250 毫升

作法

1 准备一只锅放入水，加入南姜。

2 等水煮开后约 20 分钟加入黑糖，边煮边拌至全部溶于水中即可。

罗望子

Tamarind

Tamarindus indica

迷人微酸涩果香，比白醋入菜更好味

料理　水果　观赏　药用

别名： 酸豆、酸角、酸枳、九层皮、泰国甜角、酸梅树、亚森果、印度枣

产地： 原产于东部非洲、尼罗河流域及亚洲南部

利用部位： 果实、嫩叶、种子

罗望子是水果也是调味料，果荚呈红棕色，果肉富含糖分及酒石酸，有独特的酸甜果香，口感像龙眼干，泰国人常泡成冷热饮品。除了常在亚洲和拉丁美洲的烹饪里使用（地道的青木瓜沙拉一定会放上罗望子汁），更是英式经典酱汁伍斯特酱的重要成分之一。

东南亚会将罗望子制成砖状、片状、粉末与浓缩等果肉酱等，其中以砖状保存原味最好，入菜烹调酸香不输柠檬，也可制作成甜点、饮料和小吃。

罗望子富含钙、磷、铁等多种元素，含钙量居所有水果中的首位，果实的天然果酸可清热解暑，果肉纤维帮助消化，是天然通便剂。印度自古便将罗望子拿来治疗肠胃不适。泰国人则相信它可排除血液里的杂质，达到通血管的效果。

应用

- 成熟果实可直接生食，果皮剥开，味酸甜，可制成蜜饯或糖果。
- 嫩叶可食用，菲律宾的烤乳猪就是将罗望子叶当成香料塞进猪肚，可去腥提香。
- 种子含大量蛋白质，油炸后调味即可食用。
- 果汁或果实最常入菜，罗望子果实加热水稀释即成为罗望子果汁（酱），许多泰式酱料都用其调味。

保存

- 干燥带壳的罗望子果荚，装入密封袋（罐），置于不会曝晒阳光的阴凉处。
- 已去壳的罗望子果肉，装入密封袋（罐），置于冰箱冷藏保存。
- 调制好的罗望子酱，开封后需装入密封袋（罐），置于冰箱冷藏保存。

适合搭配成复方的香料

- 可与姜、豆蔻、肉桂、茴香、辣椒搭配成罗望子印度咖喱。
- 可与姜和孜然粉搭配成印度蘸酱（Chutney）。
- 可与鳀鱼、醋、糖、盐、洋葱、蒜、芹菜、辣根、生姜、胡椒、大茴香等多种香料调成伍斯特酱。

南洋香料

印尼罗望子烤肉串

罗望子酸中带甜的味道，拿来腌肉不只去油解腻，还有独特风味，使料理的层次更丰富，且酸香气一点都不输柠檬呢！

香料 罗望子汁 20 毫升、红辣椒 2 个、大蒜 10 克、九层塔 3 克

材料 五花肉（或鸡胸肉）200 克、香菜 10 克、姜 10 克、竹签 6 支

调味料 鱼露 15 毫升、糖 5 克

作法

1. 五花肉切成块状。
2. 香菜、红辣椒、大蒜、姜切成末。
3. 罗望子汁和鱼露、糖搅拌加入作法 2 再和五花肉块腌约 15 分钟。
4. 用竹签将肉块一一穿好，放入已预热的烤箱中以 160 度烤 15 分钟即可。排盘时可放入九层塔叶装饰，并搭着一起食用。

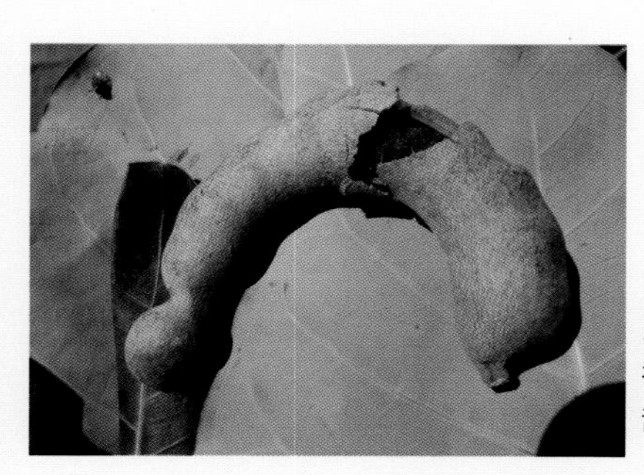

罗望子是水果也是香料，有独特的酸甜果香。

咖喱叶

Curry Leaf

Murraya koenigii

南洋咖喱不可缺的香料，贫民香草的绿色奇迹

料理　精油　香氛　染色　药用

别名：可因氏月橘、调料九里香、咖喱树、南洋山椒

产地：原产于南印度，分布于热带与亚热带地区

利用部位：叶

咖喱叶有抗氧化、抗发炎、抗衰老及防癌多重功效，且富含铁质和叶酸，有助于对抗贫血，还能保护眼睛角膜，促进血液循环，改善高血压、胆固醇过高等症状，是印度、南洋的传统食补圣品。

咖喱是综合数十种香料而成，并非咖喱叶一种就能拥有其神秘香气。咖喱叶是能散发柑橘味的香料植物，具有独特且令人愉悦的味道，将叶片捣烂时香气更明显，新鲜时气味浓郁似橄榄和芭乐的综合体，入口嚼还带一丝苦味，干燥后味道较淡，可先用烤箱或干锅炒一下，让味道释放。咖喱叶还能提炼精油，在芳香疗法中有助于对抗糖尿病、掉发。此外，新鲜的咖喱叶色彩鲜绿，也被当作天然的染料。

印度南方家庭都会在自家菜园种一棵咖喱树，随时可摘采使用，一树多用的咖喱叶因而有“贫民香草植物”之称。

应用

- 叶子具有独特的香味，可作辛香料使用。
- 很适合用来炖煮鸡肉、羊肉，也可做火锅、熬汤。
- 果实里的种子含生物碱，具毒性，不可误食！

保存

- 新鲜咖喱叶包好置于冰箱冷藏约可保鲜一周，但气味会渐渐变淡。
- 干燥咖喱叶香味较淡，开封后要装入密封罐中放在阴凉处，不要被阳光直射。

适合搭配成复方的香料

咖喱叶搭配绿辣椒是南印度人、斯里兰卡人最喜爱的香料组合。

新鲜咖喱叶

叶片为羽状复叶，有小叶 11 ~ 21 片，小叶长 2 ~ 4 厘米，宽 1 ~ 2 厘米。

咖喱叶有柑橘的气味，不只能替鱼去腥，还可用来增加料理香气，是南洋料理中常用的调味香料。

南洋香料

印尼辣味鲭鱼

香料 咖喱叶 2 克、姜黄粉 10 克、辣椒粉 10 克、姜 15 克、红辣椒 10 克、香菜茎 5 克

材料 鲭鱼 200 克、洋葱 100 克、水 200 毫升、菜籽油 30 毫升

调味料 白醋 20 毫升、盐适量

作法

1 鲭鱼切厚块，洋葱、姜、红辣椒、香菜茎切末。

2 热锅，加入菜籽油，炒香洋葱、姜、红辣椒末，再加入姜黄粉、辣椒粉和香菜末。

3 加入白醋、盐、水，再放入鲭鱼块以中火烧煮约 12 分钟入味即可。

咖喱叶冷泡茶

咖喱叶可以制成冷泡茶饮有助肝脏保健、促进消化、去油减脂。取约 20 片咖喱叶，搓揉出香气，加入适量煮沸过的冷水浸泡过夜即可饮用。

莱姆叶（柠檬叶）

Kafir Lime Leaf

Citrus hystrix L.

持久内敛的柑橘香，让身心灵都优雅释放

料理 精油 香氛 药用

别名： 柠檬叶、马蜂橙叶、喇沙叶、卡菲尔莱姆、亚洲莱姆、泰国青柠

产地： 原产于亚洲南部，现于中南半岛、印尼、马来西亚等地广泛栽培

利用部位： 叶片、果实、果皮

干燥莱姆叶

台湾地区的气候不易种植泰国莱姆叶，市售大多是从南洋进口的干燥品，较易保存但香气略减。

新鲜莱姆叶

叶片光滑革质，小叶长椭圆形，叶柄有很明显的翼片，如同两叶相连（单身复叶），叶子呈深墨绿色，气味清新芬芳，能突显咖喱特有的味道。

东南亚料理最常应用的泰国莱姆叶，在中医里属性温和，味辛、甘，入肺、胃经，有化痰止咳、理气开胃的作用。柠檬叶槲皮素，则是一种活性植物多酚，具抗氧化作用，有助改善心脏和血液循环系统。而柠檬叶提炼出来的精油，气味清新优雅、能帮助缓解焦虑，且有舒缓呼吸道不适的功效。

泰国莱姆叶、南姜、柠檬香茅是南洋料理中最常使用的三种调味料。要角之一的莱姆叶呈深墨绿色，散发出清新独特的柑橘香气，味道持久又强烈，却不似柳橙或柠檬般奔放洋溢。

东南亚地区经常使用泰国莱姆的果皮和叶片，帮食物增添独特的柑橘芬芳。叶片以完全展开硬化的香气最浓，嫩枝叶片香气略差。烹调时可将柠檬叶剪成细丝，或用手捏碎，在一开始就加入，煮出香味后即捞起，许多泰国料理的汤品、沙拉、热炒及咖喱中强烈的迷人香气，就是来自泰国莱姆叶。它能让菜肴清新爽口，但叶片本身口感不佳，不适合直接食用。

应用

- 适用于海鲜及肉类，帮助去腥调味、增添风味。
- 果实外皮磨碎（或刨出皮屑）不仅用于烹调提香，也可入药。

保存

- 新鲜的柠檬叶放入密封袋（罐），置于冰箱冷藏，约可保存 2 星期。冷冻的话，保存期限则可长达 1 年。
- 市售的干燥柠檬叶，开封后置入密封袋（罐），存放于阴凉处即可。

适合搭配成复方的香料

泰国莱姆叶最常搭配南姜、香茅等，是南洋料理中普遍使用的百搭香料，几乎能入所有东南亚的菜肴调味提香。

IMPORTED
IMPORTED

南洋香料

泰式莱姆鱼饼

莱姆叶有着淡淡的柠檬柑橘香，搭配红咖喱和鱼肉拌匀成鱼饼，酸辣开胃，是泰式传统口味。

香料 新鲜莱姆叶 2 片或干燥莱姆叶 3 片、香菜茎 5 克、红辣椒 5 克、白胡椒适量

材料 鲷鱼片 160 克、四季豆 60 克、红咖喱糊 30 克、色拉油 20 毫升

调味料 鱼露 60 毫升、糖 5 克

作法

1 鲷鱼片切成泥状，四季豆切薄片状；香菜茎、红辣椒切碎；莱姆叶切丝备用。

2 把作法 1 全部食材和鱼露、糖、白胡椒粉、红咖喱糊搅拌均匀，再做成一块块的饼状。

3 起锅，加入色拉油烧热，放入作法 2 鱼饼以中火煎至两面上色，放入已预热的烤箱中以 200 度烤约 5 分钟即可。

point ／

材料中的鲷鱼片亦可依个人喜好替换成其他的白肉鱼。

香兰叶

Pandan

Pandanus amaryllifolius

叶片有淡雅芋香，同时也是天然的绿色染料

料理　烘焙　染色　香氛　驱虫　药用

别名：七叶兰、班兰叶、牛角兰、香林投、碧血树

产地：原产于印度，现于东南亚地区广泛栽培

利用部位：叶子

适合搭配成复方的香料

- 搭配椰浆、黄姜、香茅煮成香料饭。
- 搭配柠檬草、香茅煮成香兰茶。
- 椰奶、辣椒、柠檬草、香兰叶是马来食物的基本香料调味组合。

传统中药视香兰为药中圣品，最早香兰叶多以煮茶饮用，被当作极为珍贵的保健饮料。属性温和无毒，主治肝炎、润肺，能降肝火、清热解毒、消暑、解酒、治痛风，且因富含纤维、矿物质、氨基酸等营养元素，还有降血糖、调节血压、利尿排毒等养身功效。

泰国常见的热带植物香兰叶，是东南亚料理与糕点的常用材料，它是天然的绿色染料，叶片有着特别的淡雅芋香，煮饭时加入香兰叶即能煮出带有芋头味的米饭。

在东南亚人心目中，是不可缺少的重要香料植物，不管传统市场或大卖场，一定能买到。既可做中式糕点，也可做西式蛋糕，还能调制出美味抹酱，煮饭做菜也少不了它，像著名的海南鸡饭、西谷米、娘惹糕、香兰叶包鸡等南洋料理，皆必备香兰叶入菜。难怪万用的香兰叶甚至有食品“香料之王”的称号！

应用

- 香兰叶可煮茶饮、煮饭，用于菜肴料理时，大多先榨汁再揉入食材，可增添食物的香气和色泽，或是直接包裹食材蒸煮出味。
- 东南亚国家大量使用香兰叶入菜，各国的经典菜肴应用包罗万象，比如：
  泰国：西谷米、香兰叶包鸡
  印尼：姜黄饭、椰林千层糕
  新加坡、马来西亚：海南鸡饭、娘惹糕

保存

- 新鲜香兰叶用白报纸包好再套入密封袋，置于冰箱冷藏，约可保存 2 星期，冷冻的话，保存期限则可长达 1 年。
- 冷冻干燥的香兰叶，放入密封袋（罐）置于阴凉处存放即可。

新鲜香兰叶

香兰是多年生灌木，喜欢湿热的环境，适合在热带国家种植。叶质柔滑坚韧，是一种有天然香味的药草，叶片有螺纹，具有相当的食用价值。现在野生香兰叶稀少，大多为栽培植物。

香兰叶独特的香味可让鸡肉增添清甜感，是天然的绿色染料，一起入锅油炸能帮助鸡肉上色且不会很快焦掉，但叶子的纤维太粗，口感不好，只取其味最美妙。

南洋香料

泰式香兰炸鸡

香料 泰式香兰叶 12 片、红辣椒碎 10 克、绿辣椒碎 10 克、大蒜碎 5 克、白胡椒粉适量

材料 鸡胸 160 克、炸油 500 毫升

调味料 椰奶 30 毫升、蚝油 15 毫升、酱油 10 毫升、香油 10 毫升、白醋 60 毫升、棕榈糖 20 克、盐适量

作法

1 鸡胸切丁后，用大蒜碎、椰奶、蚝油、酱油、香油、白胡椒粉腌约 1 小时至入味。

2 香兰叶当外衣，将腌过的鸡肉丁以包粽子方式包起。

3 起油锅，当油热到约 170 度时放入作法 2 的香兰鸡，油炸约 7 分钟，炸熟取出沥油。

4 再将白醋，棕榈糖，红、绿辣椒碎，盐拌匀，以小火煮过当佐酱，附在鸡肉旁即可。

香兰叶茶

材料 香兰叶 3–5 片、水 1000 毫升、白砂糖适量

作法

1 香兰叶洗净撕细条或剪小片和水一起入锅煮开后，加盖以中火续焖煮 10 分钟，即可滤出叶渣。

2 依个人口味调入砂糖即可饮用。

*冬天热饮、夏天冰饮都好，也能等茶降至室温后调入蜂蜜饮用。

刺芫荽

Culantro

Eryngium foetidum

独特的浓烈气味，能生食做沙拉的香菜植物

观赏　料理　精油　香氛　驱虫

别名： 刺芹、洋芫荽、假芫荽、日本香菜、节节花、野香草、缅芫荽、臭刺芹、大叶芫荽

产地： 原产于欧洲

利用部位： 嫩茎叶（食用）、全草（药用）

新鲜刺芫荽富含胡萝卜素、维生素 B2、维生素 C3 等营养素，主要作用于消化系统，可缓解腹胀、胃绞痛，更是身体的净化剂，能清除毒素，对精疲力竭的身心状态是极佳的天然疗方。捣碎后外敷，可治疗跌打肿痛、虫咬伤等。

刺芫荽的叶状具刺，整株散发浓烈的芫荽气味，口感清淡却带有复杂层次，像胡椒、薄荷及柠檬的综合味，市场上俗称为“日本香菜”。新鲜幼叶及嫩枝可当成蔬菜生食，但叶子边缘有小针刺，食用前得小心去除。它不但能替食物增加风味，切碎后入锅烹煮，也比一般细芫荽耐高热，不易变黑，还能作为驱蛇及防蚊虫植物。

在加勒比海地区，刺芫荽是常用调味香料，腌制肉类时不可或缺，栽培容易，可作为厨房窗台的常备香料植物，即摘即用，新鲜又方便。

应用

- 食用部位主要是嫩茎叶，用法和芫荽（香菜）雷同，但使用前需先以剪刀将刺剪除。叶子可直接搭配沙拉食用，可提香；根的味道较重，适合炖煮肉类或汤。
- 刺芫荽干燥保存后，色泽仍呈草绿色，加工切碎后全叶都可食用。东南亚的糕点、饼干常以干燥的刺芫荽调味。

保存

- 新鲜刺芫荽的根部浸水后再以白报纸包起，置于冰箱冷藏，能延长保存期限。
- 干燥的刺芫荽，开封后记得装入密封袋（罐），置于家中阴凉处保存即可。

适合搭配成复方的香料

搭配南姜、薄荷叶、九层塔、香茅、柠檬叶、香菜等南洋香料皆适宜。

新鲜刺芫荽植栽

刺芫荽为伞形科刺芹属的植物，生长于海拔 100 米至 1540 米的地区，常生长于路旁、丘陵、山地林下以及山沟边等湿润处，全株皆散发强烈的芫荽气味。

刺芫荽花

point /

如果买不到刺芫荽，可直接以一般芫荽替代，分量多些即可。

南洋香料

泰式牛肉沙拉

浓浓香菜味的刺芫荽，叶片大适合生食，搭配味道厚重的烤牛肉，是让料理有着清爽滋味的关键。

香料 刺芫荽 15 克、薄荷叶 10 克、红辣椒粉 5 克、红葱头 20 克

材料 牛里脊肉 200 克、青葱 15 克、小番茄 60 克、花生碎 10 克、白米 5 克

调味料 鱼露 30 毫升、柠檬汁 10 毫升、糖 5 克

作法

1. 牛里脊肉用鱼露、柠檬汁、红辣椒粉、糖腌 15 分钟，用热锅煎至上色，排入烤盘中，再放入已预热的烤箱中以 180 度烤约 7 分熟后，以斜刀片薄后排盘。
2. 白米用干锅，以小火慢慢炒 8 ~ 10 分钟到金黄酥脆时，再切成碎末状。
3. 红葱头、青葱切片，薄荷叶取叶，小番茄对半切。
4. 将刺芫荽的边刺去除。
5. 将作法 3 排入作法 1 牛里脊肉片的盘中，再放入刺芫荽，最后撒上花生碎和白米碎即可。

刺芫荽叶片有边刺，若要生食建议以刀或剪刀去除，以免划破嘴唇皮肤，影响口感，若是煮熟食用，叶片会软化，就可省略此步。

炒香的金黄白米脆，香气诱人。

柠檬香茅

Lemon grass

Cymbopogon citratus

观赏 料理 精油 香氛 驱虫

别名：柠檬草、香茅草

产地：原产于亚洲，印度、斯里兰卡、印尼、非洲等热带地区

利用部位：叶、基部嫩茎秆

清新宜人的万用香茅，内服外用都无懈可击

柠檬香茅为多年生的热带芳香植物，有灰色圆锥形的花，整株植物散发出沁人心脾的柠檬香味，常见于南洋料理。新鲜或干燥后的柠檬香茅都具有宜人的柠檬香气，可替代柠檬做柠檬水。

柠檬香茅的应用极广，不仅可调制茶饮、泡澡、点心，更是料理肉类、鱼类等汤头的绝佳香料。萃取的精油还可作为芳香疗法、香精料、香水、化妆品等用途，不仅气味芬芳且有驱虫防蚊、杀菌抗病毒的作用，从古至今受到医家的推崇，在印度及东南亚国家，香茅草皆为居家饮食必备的万用香料植物。

柠檬香茅为传统药草，含有大量的维生素 C，能调节油脂分泌，促进血液循环，改善面色苍白枯黄，是爱美女性的保养圣品；萃取出来的精油具镇静、提神醒脑等功能，因味道重，还能除臭清新、驱除蚊虫。

应用

- 全株均可使用，鲜草或干燥的植株叶片与茎秆均具有浓郁的柠檬香味，可替代柠檬调制为柠檬水饮用，还能制作茶饮、点心、熬汤品锅底、菜肴料理等。使用茎秆时，可稍微用刀背或石臼捶过，如此香气更能释放。
- 可萃取制成香茅精油、香精料并运用到香水、香皂、沐浴用品、化妆品等。

保存

- 新鲜的柠檬香茅茎秆，装入密封袋（罐）置于冰箱冷藏保存，若一次购买的量较大，可放置冷冻室，延长保存期限。
- 干燥的香茅草，装入密封罐后置于阳光不会直射的阴凉干燥处储存。
- 柠檬香茅应用广泛、种植容易，最好的方式就是直接在家种植盆栽，即摘即用最新鲜，香气最浓郁。

适合搭配成复方的香料

与马鞭草、迷迭香、薄荷、洋甘菊等搭配冲泡成香草茶饮。

柠檬香茅茎秆

柠檬香茅的基部嫩茎秆部位气味芳香，被大量使用于烹调上，尤其适合熬煮高汤或作为火锅的汤头香料。

干燥柠檬香茅

干燥后的柠檬香茅香味不减，可泡茶饮或作为沐浴剂、护发素等。干品还有除臭效果，也可加于洗澡水，泡澡解除一身的疲劳，恢复精神、恢复能量。

point

这里不用台湾米酒，而是取泰式生啤酒的麦香味搭配香茅，再经高温熟成后转成甜味，而不是要取真正的酒气来去腥。

南洋香料

泰式柠檬香茅烤鲜鱼

淡淡柠檬味的香茅搭配麦香十足的啤酒去腥增香，烤好后还有开胃解腻的效果。

香料 新鲜柠檬香茅 2 支或干燥香茅 3 支、白胡椒粉适量

材料 鲜鱼 180 克、洋葱 60 克

调味料 啤酒 100 毫升、盐适量

作法

1 鲜鱼去鱼鳞、内脏，在鱼皮表面划刀。

2 把柠檬香茅塞入鱼肚内，再于鱼身上淋啤酒、盐、白胡椒粉。

3 以预热好的 180 度烤箱烤约 20 分钟即可。

新鲜的香茅叶型扁长，叶缘锐利，料理用的多是茎秆部位，叶片则可泡成香草茶。

月桂叶

Bay Leaf

Laurs Nobilis

象征智慧荣耀的月桂冠，炖煮料理增香最适宜

料理　观赏　香氛　驱虫　药用

别名：月桂、玉桂叶、桂树叶、香叶、天竺叶

产地：原产于中亚、地中海沿岸，主产地于西班牙、摩洛哥、意大利、英国、希腊、法国等地区

利用部位：叶片、果实

↓ 土肉桂叶

散发清爽淡雅气息的肉桂叶，具有强烈的矫臭性与防腐功能，只要在米桶中放一小片，便可以达到驱除米虫的功效。

↑ 干燥月桂叶

月桂叶的味道苦而辛辣，散发的气味比味道更受人瞩目，当脱水干燥后香气会更具药草特质并带点花香，有点类似蘑菇草和麝香草。

南洋料理中相当普遍的香料保健植物，可开脾、消胀气、缓解疼痛、治疗皮肤病。入菜能开胃，刺激食欲及消除疲劳、增进活力。萃取的精油也可安抚情绪、舒缓紧张。

新鲜的月桂叶性质温和、香气宜人，切碎或干燥后香味不会减淡，反而变得浓烈，料理上能帮助提香、去除肉腥味，并有防腐效果，是欧洲、地中海、中东、南洋各地区烹饪中极为常见的调味香料植物。一般多用于料理煲汤、炖肉、海鲜和蔬菜，通常是整片，或连茎与其他香草绑成香草束一起入锅炖煮，料理出味后取出。

月桂叶在在古希腊罗马时期，代表着智慧与胜利，罗马帝王赐予的“桂冠”便是由月桂叶编织而成，具有重要的象征和文学意义，可见其重要性。

应用

- 月桂叶常作为料理调味，如煲汤、焖、炖、烟熏。
- 切碎或磨成粉末的月桂叶比未经切割的叶片能释放更多香味，但因粉末难从菜肴中移除，可包入纱布茶包后再入菜炖煮。
- 月桂叶的特殊香气，也被用以驱除各种嗜甜的昆虫或是白米虫。
- 月桂叶含有香叶烯和精油丁香酚，可提炼做香水的基底。
- 根和果实也能提炼做发汗剂及催吐剂，全株植物的药用价值非常高。

保存

- 新鲜月桂叶可以放冰箱冷藏，或置于通风阴凉处，叶子会自然风干，香气也会渐渐变淡。
- 干燥月桂叶开封后要密封完整，置于阴凉干燥处，以维持风味。

适合搭配成复方的香料

- 搭配姜、蒜、黑胡椒调制成腌肉香料。
- 搭配胡椒、辣椒、豆蔻、姜黄、茴香、孜然、丁香等调制成印度咖喱配方。

月桂叶微微带苦，但与食材一起炖煮后会有浓郁的香味散出，只要掌握好分量，煮出浓郁好味一点都不成问题！

南洋香料

越式猪五花炖蔬菜

香料 新鲜月桂叶 2 片或干燥月桂叶 3 片、白胡椒粉适量

材料 猪五花 180 克、马铃薯 80 克、洋葱 60 克、新鲜香菇 3 朵、蘑菇 3 朵、小番茄 10 颗、高汤 200 毫升、鲜奶油 200 毫升、色拉油 30 毫升

调味料 盐适量

作法

1 猪五花切块，马铃薯洗净去皮切块，香菇、蘑菇切粗片，洋葱去皮切片备用。

2 热锅，加入色拉油，先将猪五花肉两面煎上色，再加入洋葱、月桂叶、香菇、蘑菇片炒香后，加入高汤稍煮，再放入鲜奶油以小火炖煮约 15 分钟。

3 在作法 2 的锅中加入马铃薯煮至软后，再放入小番茄和盐、白胡椒粉调味拌匀即可。

肉桂叶和月桂叶常让人分不清，新鲜的叶片长相相似，但两者为不同香料，且气味完全不同。肉桂叶闻来有强烈肉桂香，常用来泡茶（肉桂棒则可入菜、做甜点）。月桂叶在东南亚与欧美料理常用来炖煮去腥。

月桂叶（香叶）不只用在南洋料理，在印度、欧美甚至台式料理中也都有。香叶需要长时间炖煮味道才会释出的特性，正好适合和五花肉一起烹调，慢慢煮慢慢入味，让香气来去除肉类的腥味。

用月桂叶来做台式料理

香叶笋尖腩肉

香料 香叶 5 片

材料 五花肉 200 克、桂竹笋 200 克、姜 5 片、葱 2 根、蒜头 10 颗、红曲 1 大匙

调味料 绍兴酒 1 大匙、酱油 1 大匙、糖 1 大匙、胡椒粉少许

作法

1 五花肉切条；葱、姜、蒜拍碎，备用。

2 锅中入油烧热，爆香葱姜蒜后，加入五花肉、笋尖略炒出香味，续入红曲、香叶及调味料拌炒均匀，加水盖过五花肉，以小火焖煮至收汁即可。

月桂叶与香叶

一般来说，香叶指的即是月桂叶，但也有人泛称肉桂叶、阴香叶、月桂叶三种具香气的叶子为香叶。新鲜的月桂叶味道温和，干燥后则变得浓烈，这股香气可去除肉腥味并具防腐效果，因此常用于腌制食物，其香气需要经过久煮才会释放到食材里，适合长时间炖煮的料理，不过味道浓厚，不宜放得太多，以免盖住食材原味。

盐肤木

Sumac

Rhus chinensis

带有咸味的柠檬香，多用在肉类料理中

饮料 料理 烘焙 精油 香氛 药用

别名：五倍柴、五倍子、木五倍子、盐树根等

产地：印度、印尼、中国等

利用部位：果核

有清热解毒功效，尤其根部可治疗因感冒引起之发烧、支气管炎；亦可散瘀止血。外用则可治毒蛇咬伤。

盐肤木属漆树科，可将果实浸泡在热水中搓揉出味道，像是柠檬水一般，带着柠檬的酸味及盐的咸味，常用于地中海及中东、东南亚料理的调味，在沙拉、肉类及海鲜料理中可取代柠檬汁的功用。伊朗人用它来调味米饭和烤肉；土耳其料理则用于烤肉配菜的调味；在北美则会用来调制饮料。

应 用

果核磨成粉制成紫红色的香料，可用于提升沙拉及肉类料理的风味。

保 存

储存于密封罐中，避免阳光直射的阴凉处即可。

适合搭配成复方的香料

可与黑白胡椒、丁香、肉桂、肉豆蔻等制成马萨拉综合香料粉作为烤肉的调味料。

南洋香料

盐肤木烤鸡腿棒

盐肤木是带有酸香水果味的辛香料，拿来腌肉可以提香，在这里和肉豆蔻粉、丁香、盐混合当成调味料，可省去腌制时间，直接入烤箱就能香喷喷出炉！

香料 盐肤木 15 克、肉豆蔻粉 2 克、丁香 2 粒、香菜 20 克

材料 鸡腿棒 160 克、洋葱 80 克、色拉油 30 毫升

调味料 盐 3 克

作法

1. 洋葱和香菜都切末。
2. 把盐肤木、肉豆蔻粉、丁香、盐混合一起和作法 1 的材料搅拌均匀。
3. 再把作法 2 的材料均匀涂在鸡腿棒上，淋上薄薄的色拉油。
4. 放入已预热的烤箱中以 180 度烤 25 分钟即可。

point /

鸡腿棒替换成猪肉也很不错喔！

印度料理的香料日常

豆蔻、孜然、丁香、小茴香、葫芦巴、葛缕子……面对着这些带点陌生又有点熟悉的香料名，是不是很难一时辨认出它该有的味道?

印度人用香料，喜欢一个个把香料的味道慢慢加上或直接混合，马萨拉香料粉的复方特质，让人惊艳于印度菜的深邃丰富，却也同时让人难以掌握个别的香料气息。

其实，每种香料都有自己的个性，掌握文化与气味上的逻辑，可以让我们在面对印度料理时，更有见解。

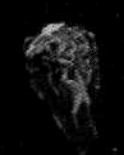

饮食文化篇

在印度，从早上睁开眼，香料生活就开始了！

文/冯忠恬

红色、黄色、咖啡色、灰色……各种香料一字排开，空气中弥漫着浓烈与欢欣的气息，不过这可不是办嘉年华会，而是印度人的寻常生活。

印度人做什么都要香料，从早餐的煎饼、中午的马铃薯、印度奶茶，到晚餐的烤鸡、小黄瓜沙拉，不论料理、饮料、甜点、零食全都无香料不欢。对印度人来说，从基本的调味到进阶的味道全由香料包办，没有酱油、味醂、豆瓣酱的印度人，正是靠着香料来增香调色。

印度市场里的香料摊。

如果拿各国料理一比，印度惯用的香料味道总是特别浓郁，小茴香籽、芫荽粉、姜黄粉、马萨拉综合香料粉（Garam masala，印度什香粉）摆在一起，满室辛香。而且不像欧美、南洋总喜欢用“新鲜的”，印度料理爱用干燥香料，且分为原状、粉状、叶片状，常常一道菜里，加了芫荽籽后又要再加芫荽粉，问他们怎么加了原状又要粉末，他们会很认真且有自信地说：“颗粒和粉末的味道不同，这道菜两种味道都要。”因此一道料理往往由七八种甚至更多的香料混合，深邃浓郁常让我们的舌头分不出来，只觉得味道迷人，然后一律称之为“咖喱”。

是咖喱，更是“马萨拉”

在点印度菜时，常看到马萨拉（masala）这个词，有 fish masala、chicken masala 或 vegetable masala 等。马萨拉就是混合香料的意思，有点像在台湾要做三杯鸡，一定会加麻油、米酒、酱油、九层塔、蒜头、姜片，只不过印度人把这些材料全换成了香料，适合和鱼一起煮的就是 fish masala、和鸡肉最搭的就是 chicken masala，每个主厨或家庭的配方都不同，那就是呈现个人特色与味感的时刻了！就拿印度人常用的马萨拉综合香料粉来说，有些人会用二十多种香料制作，有的人只独钟六七种（本书 248 页有食谱）。除了自己调香外，印度传统市场里也都有香料铺，如果今天想煮鸡肉，只要告诉店家辣度多少，就能代客调香，超市也卖有调好的马萨拉香料粉方便包。

没有酱油、味醂、豆瓣酱的印度人，正是靠着香料来增香调色。

印度的街上，常可见卖烤饼的小贩。

印度人不吃牛肉、猪肉（伊斯兰教徒），因此多以羊肉、鸡肉或鱼虾为主食（另外印度也有很大量的素食人口）。对于不同食材，他们会以不同的马萨拉香料粉来处理，面对羊肉时，会选用重味道的香料来压住羊肉的膻味；海鲜马萨拉香料粉的味道较淡，主要用来提点海洋的鲜味；蔬菜一般都会调得比较辣，让大家可以更下饭。

马萨拉是印度人惯用的词，咖喱（curry）据说则和英国人有关。英国人统治印度时，把多种香料组成，看起来黄、红浓稠且味道浓郁的料理统称为“咖喱”。从此这个称号便传了出去，久了以后全世界都叫印度菜为“咖喱”。其实对印度人来说，咖喱指的是把各种香料混合烹煮后的成品，是“酱料”的意思，而印度咖喱之所以深邃迷人，便在于他们对个别香料在气味、比例上的良好拿捏，也就是有调制马萨拉香料粉的好功夫。所以下次如果碰到印度朋友，不妨以“马萨拉”来取代对他们咖喱的称赞，除了会让他们倍感亲切外，也会知道你是内行的。

印度商店里都卖有调好香的马萨拉香料粉方便包，或混合多种香料原粒的五香粉。

姜黄粉、小茴香粉、芫荽粉，印度最基本的三大调香原料

印度人不用咖喱块，而是喜欢用香料把味道一个个加上去，如果是原状香料（如小豆蔻），一定会先用油炒焙爆香，到香料微微膨胀后，再下番茄跟洋葱一起炒至糊状，最后再加入芫荽粉等粉状香料与主要的食材一起炖煮。

听起来，好像很复杂，尤其各种香料摆在桌上很容易就被气味与相似的颜色弄得头昏脑涨。其实印度料理常用的香料约15种，只不过同种香料，比如芫荽，会同时以芫荽“籽”与芫荽“粉”的方式呈现；葫芦巴的变身程度更大，有葫芦巴“籽”、葫芦巴“叶”和葫芦巴“粉”。

不过如果抓到印度料理的几个香料重点，就会发现重复的其实不少，只要多实验几次，记住那几种香料的味道，要在家做出让人竖起大拇指的印度菜就指日可待了。

好比说，只要有“姜黄粉”、“小茴香粉”（孜

吃完浓郁的料理后，印度人喜欢抓一把茴香糖直接放嘴巴里，外面包着糖霜的茴香籽，可让口气清香、帮助消化。

使用印度香料的贴心叮咛

使用前才磨粉

印度香料可分为叶状、原状跟粉状。做马萨拉香料常用粉状香料来调和，不过通常都是使用前才磨粉，未磨粉的原状香料如：芫荽籽密封保存置于阴凉处可放两年，磨粉后则需于三个月内用完，以免香气消失。可用石臼、果汁机或食物调理机研磨，不过以手研磨较不会破坏香气，且自己做的，就算磨出来带点小颗粒也很有特色。

咖喱就是香料比例的完美搭配。

然粉）、“芫荽粉”就可以混合成最基本的马萨拉。姜黄粉加多易有苦味，适量即可，但小茴香粉和芫荽粉则可依照喜好，喜欢哪个味道都可以再多加一些。这三种调配出来的香料很百搭，之后可以再逐步增加如丁香、葫芦巴籽、小豆蔻、月桂叶等喜欢的味道。

印度奶茶要用“拉”的才好，借由高低落差可让香料味再次释放。

以酸奶、牛奶入菜是印度料理的特色

印度香料基本上有三种功能：一种是“染出色泽”（如：姜黄、番红花、辣椒粉），一种是“增加辣度”（如：辣椒、芥末籽、黑胡椒、蒜泥、姜泥），一种是“增加香气”（如：丁香、小豆蔻、肉桂、月桂叶等）。著名的坦都里烤鸡，外面那层红红的色泽便是透过辣椒粉来上色，不过外面不少餐厅为了节省成本会以食用色素替代，如果吃完嘴巴红红的就知道了。

幅员广大的印度，可简单分为北印度料理

孜然（小茴香）
Cumin

可单独和羊肉使用，或用在料理成为马萨拉香料的一员，是印度很常用的香料，有原状和粉状两种，和茴香籽外观相近，但较为细长、短小，且颜色也较深。

大茴香（洋茴香）
Anise

味道和八角相近，不少人会把大茴香和八角搞混（甚至中文翻译也混用），购买时，建议直接以英文辨认（八角的英文为star anise）。印度通常会把大茴香和海鲜一起搭配，其籽的形状和茴香、孜然等都很接近，但较为圆弧，且气味不同。

茴香（甜茴香）
Fennel

在欧美的系谱里，常会拿来和另一个无论味道和长相都很相近的莳萝来比较，不过欧美料理多用新鲜茴香（可参考98页），印度料理则以干燥茴香为主。同样分粉状和原状，常用在甜点或饮料里，虽然一般的料理不常用，但却是做克什米尔料理的重要香料，茴香籽和小茴香籽长相相近，但颜色较深，且颗粒也较大。

跟南印度料理，北印度注重香气，味道较淡，以烤饼为主食；南印度味浓且辣，以米食为主。其中以酸奶、牛奶、奶油入菜也是印度菜的特色之一，尤其南印度，常通过牛奶去中和食物的辣度，让其依旧可以保有香气却又不会辣得难以入口。

印度人百分之八十的时间都在家里吃饭，对于香气与辣味的接受度就在妈妈的手里慢慢培养起来。他们从小吃饭配生辣椒是家常便饭，洋葱也是直接生吃配咖喱，因为几乎从早上一睁开眼，所有的调味都是以香料为主，对于香气的接受度很大，不少印度人喜欢用的芥末油，虽有强烈的刺激味，却是不少印度主厨的爱。

印度香料看似繁复华丽，其实只要知道基本逻辑，认清常用的几种，下次看食谱便不会深陷在云雾里，慢慢也可以试着调和、辨认或烹调出自己喜欢的味道。

一次把所有茴香都搞懂

大茴香、小茴香、藏茴香、甜茴香，到底有什么不同？翻译名的相近，常把大家弄模糊，在这边一次看清楚。

印度藏茴香（独活草）
Ajwain

和其它茴香相比，颗粒最小，且呈圆弧的水滴状，味道辛辣浓烈，只需少量，就能营造出浓烈的气味，会跟粉搅拌在一起，用来做炸物。

葛缕子（藏茴香）
Caraway Seed

外观和茴香籽相似，但更为瘦长且颜色较深，带点凉凉的味道，相较于其他茴香，味道较为清雅，常用于蔬菜或肉类的烹调，中欧或东欧的料理也常用于香肠、炖肉等。

黑孜然
Black Cumin

和孜然味道相近，但更为温和深邃，籽的外观上更为瘦长，且颜色较深。食谱里可取代孜然，但价格较昂贵，也较不易取得，得特别到印度香料行碰碰运气。

印度料理常用香料一览

小豆蔻（绿豆蔻）

和香草、番红花并列为昂贵的三大香料，尝起来香甜且带着些许辣味，在印度奶茶里喝来带点姜的味道就是小豆蔻了，也是不少马萨拉香料的必备。

芥末籽

黑、白芥末籽较常用，带有强烈的呛鼻辛辣味，南印度料理很常见，使用时要先过油爆香。

芫荽籽

印度料理会用到芫荽粉和芫荽籽，除了做酱外，一般不会直接用新鲜芫荽，香气讨喜，是制作印度咖喱的重要基底。

马萨拉综合香料粉（Garam masala，印度什香粉）

印度最广泛使用的提香粉，混合多种香料，每个印度家庭或主厨都有专属的配方，通常会和多种香料混用，或在起锅前最后撒上，煮个一分钟提香。

辣椒粉

卡宴辣椒粉（cayenne）跟红椒粉（Paprika）是最常使用的两种，卡宴辣椒粉可为料理增添辛辣味，红椒粉不辣且带点微甜，两者都可为料理上色，若食谱看到辣椒粉时可依个人对辣味与香气的喜好选用。

罗望子

是水果也是调味料，在台湾可以买到罗望子酱，可混合棕榈糖一起做成酸酸甜甜的酸枳酱，是印度人爱用的炸物酱料，不管蔬菜、海鲜、羊肉都可蘸（可参考 251 页食谱）。

番红花

产量稀少，价格高昂，在某些印度咖喱上会特别加入，以增添其华丽感。在使用上要先将番红花泡水 10 ~ 15 分钟，待香气与色泽溶出。番红花共分五个等级，等级越好溶出的时间越短且味道越浓郁。

咖喱叶

散发柑橘味的印度香料植物，将叶片捣烂时香气更明显，印度常会在咖喱酱汁中加入捣碎的咖喱叶以增加香气。新鲜时气味浓郁，干燥后味道较淡，干燥叶片可先干炒或烤过让气味更加浓郁后再来烹调。

姜黄

姜黄粉又称为郁金香粉，是制作印度咖喱很重要的原料，有很好的抗氧化效果，是热门的养生食材，虽然台湾也有种植，但在台的印度人总说台湾姜黄粉容易越煮越稠，他们还是喜欢买印度进口的味道。

孜然（小茴香）

做印度咖喱的重要原料之一，也可以爆香后和米一同煮成小茴香饭或做成小茴香饮料，属于从料理到甜点都百搭的香料。

葛缕子（藏茴香）

印度香料里难得不浓郁，气味清雅的香料，带点凉凉的味道，常用于蔬菜或鱼类的烹调里，西式料理也常用到。

印度藏茴香（独活草）

味道浓烈辛辣，会和其他粉混合后用在炸物上，只需少量就能营造出丰厚的气味。

黑豆蔻

闻起来有樟脑的气味，干燥方式又让其有烟熏的气息，可作为马萨拉的香料组合，通常用于炖菜、扁豆料理或腌肉上。

黑孜然

和孜然味道相近但更为温和，可以取代孜然，但价钱较为昂贵。

大茴香

味道和八角相近，适合料理海鲜，或用在汤里增添香味。

肉豆蔻

淡淡的香甜中带点辛辣味，少量使用就香气逼人，不能用多，会带苦。

月桂叶

炖煮料理里的重要香料，可去除腥味，增香调味。

肉桂（粉）

印度甜点与奶茶里最常见的调味香料，味道浓郁，也很常见于印度咖喱内，炖煮时则会使用肉桂叶。

黑胡椒

香气、辣味都和辣椒不同，味道较为温和。若使用黑胡椒粒，使用前会先以油爆香，黑胡椒粉则可调成马萨拉香料。

丁香

直接食用很苦涩，料理后却会散发出香草般的微甜，味道浓郁，可少量加于印度奶茶或和其他香料搭配。

葫芦巴

分为葫芦巴叶、葫芦巴籽和葫芦巴粉，煮咖喱或烤肉时常用到，属于行家级的香料，可以引出料理的诱人香气。

调香篇

Garam Masala
马萨拉综合香料粉（印度什香粉）

每个印度家庭都有自己的马萨拉综合香料粉配方，通常都是由 15 ~ 20 种不等的香料组合而成。在印度料理中，马萨拉综合香料粉的用法有点类似台湾的胡椒粉，即使料理本身已经加了不少香料，还是喜欢撒一点提香。坊间有卖调好的马萨拉综合香料粉，但今天我们也要试着来调香，先照着食谱做，等熟悉了各式香料搭配的味道后，也可以调出有自己特色的香料粉。

香料 芫荽籽 50 克、小茴香籽 50 克、小豆蔻 20 克、肉桂棒 10 克、肉豆蔻干皮 10 个、肉豆蔻 1/2 颗、黑胡椒粒 1 茶匙、月桂叶 4 片

作法

1 把所有香料用 220 度预热好的烤箱烤 5 分钟（但注意不要烤焦），烤一下让香气释放。

2 放凉后，用石臼打磨或以果汁机、食物调理机打碎即可。

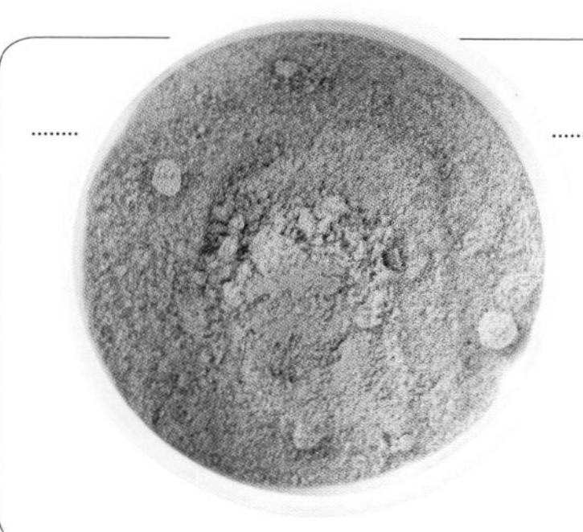

chaat masala

除了马萨拉综合香料粉外，印度还有一种常用的综合香料是“Chaat masala”，它的味道较强烈，通常是直接撒在食物上，比如撒在烤好的蔬菜或新鲜的水果上配着吃。马萨拉综合香料粉是作为起锅前的调味或是烹调时的提香，两者在印度香料店都有卖调好的组合包粉。

point

因果汁机转动时发热，会稍微影响香料的味道，若有时间，还是建议以手慢磨，慢慢感受味道逐渐融合散出的过程。建议买专门磨香料的石臼，可比较不费力地有效磨粉，且不一定要磨到完全的粉状，粗粗的可吃到小颗粒也无妨，那是“家里”才有的特殊口感，同样美味。

香料酱

香菜酱（芫荽酱）

材料　酸奶 1 杯、柠檬 1 颗、盐 1 小匙

香料　香菜半把（约 300 克）、薄荷叶 10 克

作法

1 将材料与香料全部打成泥。

印度料理常见的万用蘸酱，烤、煎、炸物都可蘸。喜欢香菜味的人一定不能错过！

point

如果觉得味道太浓可加水稀释。

酸枳酱（罗望子酱）

材料 无籽罗望子酱 1 罐（约 454 克）、棕榈糖 1 罐（约 500 克）、茴香籽 1 小匙、小茴香籽 1 小匙、辣椒粉适量

作法

1 小茴香籽跟茴香籽以干锅炒一下，打（磨）成粉。
2 把罗望子酱、棕榈糖拌在一起煮，加入茴香籽与小茴香籽，煮到滚开，棕榈糖融化。
3 最后加入辣椒粉再煮约 1 分钟即可。

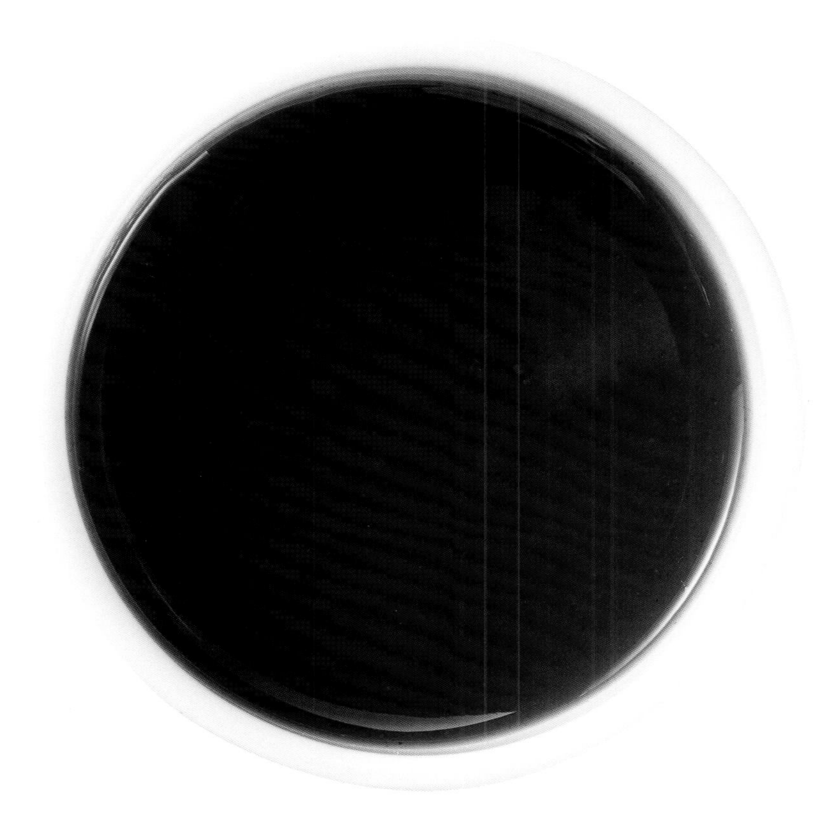

像番茄酱一样，酸酸甜甜的，炸的蔬菜、海鲜、鸡肉、猪肉、羊肉都可蘸。印度的路边摊卖炸的都会附上这款酱料。

小茴香饭

材料 米 1 杯、水 1 杯

香料 小茴香籽 1 大匙

作法

1 用油爆炒小茴香籽至产生噼啪声后，捞起放凉备用。

2 将爆炒过的小茴香籽放入白米入电锅一起煮熟即可。

point

用油先爆炒过，小茴香的香气会更浓郁。

姜黄饭

材料　米 1 杯、水 1 杯

香料　姜黄粉 1 小匙

作法

1 把姜黄粉倒入一汤匙的温油（约 100 ~ 120 度）里，倒入姜黄后立刻加入一杯水。

2 将作法 1 放到饭锅里和白米一起煮熟即可。

番红花鸡肉咖喱
Saffron Chicken Curry

北印度的料理，喜欢加牛奶、酸奶来中和食物的辣度，让食物虽有浓郁的香料味却不会过分劲辣。这道融合了数十种香料的鸡肉咖喱，以番红花水为主调，最后再加上马萨拉综合香料粉，香气十足。

材料　去皮鸡腿肉 600 克、洋葱 1/2 颗（约 120 克，切小丁或丝或块）、腰果 30 克、酸奶 2 大匙、姜泥 1/2 小匙、蒜泥 1/2 小匙、鲜奶油 1 杯、盐 1 小匙

香料　番红花芯 10 ~ 15 根、小豆蔻 3 颗、月桂叶 3 片、肉桂棒 2 厘米长、丁香 2 颗、无盐奶油 3 大匙、姜黄粉 1/4 小匙、孜然粉（小茴香粉）1 小匙、辣椒粉 1 小匙 、芫荽粉 1 匙半、马萨拉综合香料粉 1/2 小匙

作法

1 将番红花芯用 2 大匙温水泡 5 分钟，制作番红花水。

2 洋葱、小豆蔻、月桂叶、肉桂棒及丁香，加入可盖过材料的水一起煮 10 分钟，至洋葱变透明。

3 把水滤掉，将作法 2 材料和腰果一起用果汁机打成泥。

4 蒜泥和姜泥用奶油小火炒 30 秒后，加入作法 2 的香料腰果洋葱泥、姜黄粉、孜然粉、辣椒粉、芫荽粉、盐，用小火煮 5 分钟，如果太干可加一点水，以避免腰果黏锅。

5 加酸奶、鲜奶油和鸡腿肉，再煮 5 分钟后，用少许水调整浓度，接着盖上锅盖，大概煮 15 ~ 20 分钟至鸡肉熟透。

6 最后加入作法 1 的番红花水和马萨拉综合香料粉，再煮 1 分钟即可。

番红花姜黄饭怎么做?

1 杯米、半杯水、半茶匙姜黄粉、半茶匙盐。以 15 根番红花芯用半杯温水泡 5 分钟，再把所有材料一起入电锅蒸煮即可（若担心番红花碍口，可将其滤出，直接取水入锅蒸煮）。

point

1. 如果觉得味道太浓可加水稀释。
2. 辣椒粉选有辣、无辣皆可，主要是用来上色，爱吃辣者也可再加生辣椒。

坦都里香料烤鸡 Chicken Tandoori

材料 去皮鸡腿 4 块（1200 克，切成块）、油 4 大匙、姜泥 1 匙半、蒜泥 1 匙半、盐 2 小匙、原味酸奶 1/2 杯、柠檬 1/2 颗、无盐奶油适量

香料 克什米尔红辣椒粉（kashmari red chilli powder）2 小匙、干葫芦巴叶 1/2 小匙、芫荽粉 1 大匙、孜然粉（小茴香粉）1 小匙、马萨拉综合香料粉 1 小匙

作法

1. 鸡腿去皮划刀，以便入味。
2. 第一道腌料：鸡腿肉用 1 小匙盐、1/2 小匙姜泥、1/2 小匙蒜泥和 1 小匙克什米尔红辣椒粉，冷藏腌 20 分钟。
3. 第二道腌料：加入油、酸奶、柠檬汁，剩下的姜泥、蒜泥和所有香料，抓匀放回冷藏，再腌 4 小时。
4. 腌好的鸡肉放入预热好的烤箱（220 度）烤约 25 分钟（或用少许油煎熟），可用刀子划开或剪刀剪一下查看，烤熟即可。

葫芦巴叶是赋予坦都里烤鸡经典味道的重要香料，而且一定要加酸奶腌口感才对。辣椒粉主要是让其上色，不过外面很多餐厅都会加色素，如果吃完嘴巴红红的就要小心了。

小知识

Tandoori（坦都里）是印度的传统烤炉，以黏土或砖砌成的圆桶，底下放炭火，传统的坦都里烤鸡需用此炉来烤，味道最香，在家中以烤箱取代则是方便的作法。

point

1. 烤好后可在表面上涂上薄薄一层的无盐奶油，味道会更香。
2. 克什米尔红辣椒粉不辣，主要是帮助上色，也协助在腌制时让鸡肉的水分收干，也可用红椒粉代替。柠檬用黄色、绿色都可，味道不同，可视喜好调整。

马萨拉煮鱼 Fish Masala

这道可是印度的经典菜，每个人对香料的观点不同，调法自然有异，讲究一点的甚至会把色拉油换成香气浓郁的芥末油。印度人说，马萨拉煮鱼要炸得干干脆脆的配咖喱酱才好吃，「鲜嫩多汁」这一套在这儿可不管用呢！

材料 鲷鱼片 300 克、洋葱 100 克（切丁）、色拉油 6 大匙、姜泥 1 小匙、蒜泥 1 小匙、番茄 2 颗（1 颗切丁，1 颗打成泥）、盐 1/2 小匙

香料 小茴香籽 1 小匙、芫荽籽 1 小匙、青辣椒 1/2 根（切末或丁）、姜黄粉 1/2 小匙、芫荽粉 1 大匙、孜然粉（小茴香粉）1 小匙、辣椒粉 1 小匙、马萨拉综合香料粉 1/2 小匙、香菜叶（装饰用）

作法

1 鱼片先用额外的油炸至酥脆。

2 用 6 大匙油爆炒中火至小茴香籽和芫荽籽产生噼啪响，接着加入洋葱丁炒至金黄。

3 放入蒜泥、姜泥、青辣椒末、盐和剩余所有香料，用小火拌炒 30 秒。

4 加番茄泥和番茄丁，续煮 2 分钟后，再倒入 1 杯水煮滚。

5 汤汁煮滚后，把炸好的鱼放进来开小火收汁，盛盘摆上香菜叶即可。

point

1. 作法 1 也可用小火慢煎，或也可煎过后再烤一下，增加酥脆感。此种酥脆的感觉会跑到酱汁里，让酱料更好吃。
2. 通常会叫“马萨拉”都是因有比较多的香料在里面，味道会比较重。

家常扁豆香料咖喱
Dal Takda

印度人每日都要吃扁豆，以红扁豆最好煮烂，当然也可以加入自己喜欢的黄扁豆、大扁豆等，通常就是配着饭、饼一起吃。最后加入黄油可以中和辣椒粉的辣度，马萨拉综合香料粉和香菜叶则有很好的调味点睛效果。

材料 扁豆 250 克、无盐黄油 8 大匙、洋葱 150 克（切丁）、番茄 2 颗（切丁）、蒜泥 1 小匙、姜泥 1 小匙、盐 2 匙半

香料 小茴香籽 1 小匙、干辣椒 2 根、月桂叶 2 片、青辣椒 1 根（切末）、姜黄粉 1 小匙、芫荽粉 1 大匙、孜然粉（小茴香粉）1 大匙、辣椒粉 1 小匙、马萨拉综合香料粉 1 小匙、香菜叶（装饰用）

作法

1 扁豆先浸水 30 分钟，泡软后滤干备用。

2 将作法 1 放入锅中，加入两倍量的水，水中加 1 小匙盐和 1/2 小匙姜黄粉，煮 15 ~ 20 分钟至熟软。

3 取另一锅放 6 大匙黄油，以小火爆炒小茴香籽、干辣椒、月桂叶碎，到噼啪响后，放入洋葱丁，继续爆炒至洋葱呈金黄色。

4 加姜泥、蒜泥和青辣椒末，再炒 20 秒。

5 加入剩余所有香料（马萨拉香料粉除外）和盐，用小火炒 30 秒后，加入番茄丁，继续用小火煮 1 分钟。

6 放入作法 2 煮好的扁豆，再加 1 杯水，水滚后续煮 1 分钟。

7 最后放入 2 大匙黄油、马萨拉综合香料粉和香菜叶即完成。

point

以黄油爆炒香料是小秘诀，会让料理带有独特的黄油香，如果担心烧焦的话，可用澄清黄油（clarified butter）取代。若家中无黄油，用一般的色拉油亦可。

椰浆虾 Coconut Shrimp

南印度盛产椰子，他们很喜欢在料理中加入椰浆或椰子粉，不但可中和食物的辣度，也会让料理的香气更浓郁。因此别看这道菜好像辣味十足，其实椰浆可减少辣味，如果还是担心的话，少放一根青辣椒也没问题！

材料 大虾（明虾）330 克、洋葱 160 克（切丁）、青辣椒 2 根（切丝）、油 5 大匙、姜泥 1/2 小匙、蒜泥 1/2 小匙、番茄 1 颗（切扇形大块）、椰子粉 3 大匙、椰浆 1 杯、盐 1 小匙

香料 芥末籽 1 小匙、咖喱叶 8 片、辣椒粉 1 小匙、姜黄粉 1/2 小匙、芫荽粉 1 小匙、孜然粉（小茴香粉）1/2 小匙、马萨拉综合香料粉 1/2 小匙、香菜叶适量

作法

1 用油爆炒芥末籽至产生噼啪声后，加洋葱和 1/2 小匙盐，续炒至金黄。

2 加入青辣椒和其他香料（综合香料粉与香菜除外），炒 15 秒后，即可加入椰子粉、椰浆、大虾、番茄块和 1 杯水，拌匀后煮至虾熟透。

3 最后加入马萨拉综合香粉拌匀，最后撒上香菜叶即完成。

point

1. 同种作法，虾也可用鱼和鸡肉取代。
2. 印度南部盛产椰子，材料中的油用椰子油、色拉油或橄榄油都可。

马铃薯饼
Aloo Tikki

马铃薯饼是印度妈妈最常做给孩子吃的点心之一，为了方便，常做成大大的圆饼，分量很足，且多搭香菜酱和罗望子酱佐食，充满多层次的风味。

材料 马铃薯 2 颗（约 460 克）、玉米淀粉 4 大匙、盐 1/2 小匙

香料 辣椒粉 1/2 小匙、小茴香籽 1 小匙、姜黄粉 1/4 小匙、芫荽粉 1 小匙、孜然粉（小茴香粉）1/2 小匙、青辣椒 1 根（切末）、香菜叶适量

馅料 油 3 大匙、盐 1/2 小匙、洋葱 50 克（切丁）、青豆仁 50 克、姜泥 1/2 小匙、蒜泥 1/2 小匙

作法

1 马铃薯用水煮熟，水中加 1 小匙盐（额外）。加盐一起煮比较快熟也会入味。

2 把煮熟的马铃薯压成泥，加玉米淀粉和盐拌匀。

3 用油爆炒小茴香籽至产生噼啪声后，加入洋葱丁炒至金黄，接着加青辣椒末、姜泥、蒜泥及剩余所有香料和青豆仁一起拌炒，炒的时候边把青豆仁压碎。

4 把马铃薯泥塑形成小圆饼，中间包入步骤 3 香料青豆馅。

5 锅中加入植物油和少许奶油（总油量至少盖过半个圆饼），将马铃薯饼煎脆即可。可加入香菜酱和罗望子酱（可参考食谱 250 ~ 251 页）佐食。

point

1. 因为加了玉米淀粉，以中、小火慢煎，可以煎出酥脆感（大火易焦）。
2. 内馅也可以加腰果、开心果等坚果或豆类、肉类（如猪、羊绞肉）等，加葡萄干则会变得甜甜的很讨喜，配点小黄瓜沙拉就可当一餐。

小茴香薄荷柠檬水

材料　柠檬1颗榨汁、果糖（和柠檬1比1）

香料　小茴香粉1小匙、细黑盐少许（有点咸味就好）、新鲜薄荷叶8片

作法

1. 取一干锅，小茴香粉干炒3～5分钟至有香味后，放冷备用。
2. 薄荷叶捣碎。
3. 将所有材料放入后，加冰块与水到自己喜欢的浓度，最后再加上一点黑盐即可。

喝腻单纯的薄荷水了吗？这款饮料把小茴香与薄荷的味道搭得恰到好处，很适合需要消暑的夏天。而黑盐也是此款饮料的秘密武器，一口喝下，咸、凉、甜、香全有了。

point

黑盐味道独特，若无黑盐也可用一般的海盐取代。

印度奶茶

印度人一天要喝上十几小杯奶茶，冬天的时候还可以加姜一起煮，倒的时候会刻意把壶拉高（印度拉茶），让香料味释放。

材料　红茶茶包 1 ~ 2 个、白糖适量、热开水 250 毫升、牛奶 250 毫升

香料　绿豆蔻 1 ~ 2 颗

作法

1. 绿豆蔻敲碎，连皮一起和红茶包、白开水以小火煮开。
2. 倒入牛奶（可视喜欢的红茶浓度决定茶包要不要拿起），煮至滚开后再续煮 10 分钟。
3. 尝一下是否有绿豆蔻的味道（带点姜味的感觉），若味道还未释放，可再续煮。
4. 起锅前放糖即可。

point

1. 喜欢肉桂或丁香味，也可以在作法 2 里加上肉桂、丁香一起煮，但丁香易苦，分量不宜太多（1 ~ 2 个即可），或是煮好后把肉桂棒放在热奶茶里一起上桌。
2. 印度人喝的很甜，往往一杯奶茶有半杯糖，制作时可视喜好调整。

吃马铃薯饼时常会在旁边附有沙拉，可以直接把蔬菜切片后，加柠檬、糖或盐拌匀，想要多点层次，还可以加上自己喜欢的香料。当吃重口味想要清爽一下时，简单拌一拌就可上桌！

point

想要来点甜味的话，可视个人喜好加砂糖。

小黄瓜沙拉

材料 小黄瓜 1 条、洋葱半颗、番茄 1 颗、柠檬半颗、橄榄油 1 大匙

香料 Chatt masala 1 小匙、新鲜香菜 2 根

作法

1 小黄瓜、番茄切块，洋葱切丝，香菜切段，柠檬挤成汁。

2 所有材料、香料加入拌匀即可。

point

Chatt masala 可至印度香料店直接购买。

印度料理
常用香料

孜然（小茴香）

Cumin

Cuminum Cyminum

味道芳香浓郁，与肉类料理最对味

饮料 料理 烘焙 药用

别名： 安息茴香、小茴香

产地： 中国、印度、叙利亚、土耳其、伊朗等

利用部位： 种子

孜然有杀菌防腐的效果，料理中加入孜然可以暖胃去寒，并且改善消化系统问题，提振食欲。

孜然属伞形科，中国为主要产地，是中国、阿拉伯、印度等国常使用的香料。具有强烈香气和略带辛辣味的口感，能去除牛、羊肉的腥膻味，还可解油腻、增加食欲，尤其经过高温加热后香气更浓烈。

孜然粉为新疆烤肉的主要调味料，“对新疆人来说，孜然的香味带着魔力，搭配羊肉一起料理，对于当地人而言，就是一种家乡的味道”。可与其他香料搭配，调制成红咖喱或绿咖喱，整粒孜然则可与葛缕子及面粉等制作成印度烤饼。

应 用

种子整粒或磨成粉使用，可用于提升肉类料理的风味；或当成咖喱及饮料的调味等。

保 存

以密封容器储存可放置约一年，但时间愈长香气会随之变淡。

适合搭配成复方的香料

可与辣椒、丁香、姜、柠檬草、香菜等香料调制的咖喱搭配作为肉类的调味。

印度人总喜欢在蔬菜咖喱上面撒上一点新鲜的香菜叶，他们说：「这就跟台湾人会在贡丸汤里加芹菜末，或在蚵仔汤里加姜丝一样。」只要一点，就很提味。

印度香料

印度蔬菜咖喱 Aloo gobhi

香料 小茴香籽 1 小匙、姜黄粉 1 小匙、芫荽粉 1 小匙、孜然粉（小茴香粉）1/2 小匙、辣椒粉 1/2 小匙、香菜叶适量、青辣椒 1 根（分切成 4 长条）

材料 马铃薯 2 颗（400 克，切块）、白花椰菜 1 颗（200 克，切块）、洋葱 50 克（切丁）、油 5 大匙、大蒜 1 颗（切片）、番茄 2 颗（切扇形大块）

调味料 盐 1 小匙、姜 8 片（切丝）

作法

1 用 5 大匙油爆炒小茴香籽至产生噼啪声后，加洋葱，炒至金黄。

2 加入青辣椒段、姜丝和蒜片，续炒 10 秒。

3 加白花椰菜、马铃薯、盐和姜黄粉，充分搅拌均匀后，加盖小火煮 10 分钟。

4 放番茄块、香菜叶和剩余所有香料，盖锅再煮 10 分钟即可。也可在最后撒上一点香菜叶碎增香。

point／

吃咖喱最适合配生洋葱，而且还要保有洋葱呛辣味才好。印度人总说，台湾人不喜欢洋葱的呛味，喜欢过冷水冰镇，让洋葱只剩甜味很可惜。下次吃咖喱时，不妨试试地道吃法，让洋葱呛辣一下。

黑孜然

Black cumin

Nigella sativa

法老般强大的黑色种子，是地中海的古老偏方

饮料 料理 精油 香氛 药用

别名： 黑种草苜蓿

产地： 南亚、中东、地中海地区

利用部位： 种子

黑孜然一直以来都被人们拿来治疗消化疾病，以及治疗哮喘和呼吸道问题。种子萃取的油可用于改善皮肤干燥，让头发更有光泽。

和孜然味道相似，但黑孜然的味道更温和有深度，是南亚、中东和地中海地区的传统香料，价格较孜然昂贵且不易买到，可到印度香料行请店家帮忙留意。在印度菜里，和孜然的用法相同，地中海地区则常搭配坚果入菜。除了烹饪外，可以制成糖果或酿酒。

黑孜然也有悠久的药用历史，其细小的黑色种子所萃取的精油有多种疗效，被埃及人视为珍稀之物，还被称为“法老之油”。现代生物科学研究更肯定了黑孜然油的保健功效。

应用

- 黑孜然种子炼取的油，可用于烹饪或直接少量饮用。精油也有芳香作用，可加入肥皂里。
- 黑孜然的独特风味，融合了洋葱、茴香、胡椒等香料，是中东和地中海料理的常用香料。

保存

黑孜然的种子，或其他萃取物制成品，都需密封保存放在干燥阴凉处。

大茴香

Anise

Pimpinella Anisum

甘草般的香甜气味，适合为海鲜及甜点提味

饮料　料理　烘焙　精油　香氛　驱虫　药用

别名： 茴芹、西洋茴香、欧洲大茴香

产地： 中东、埃及、欧洲、美国、墨西哥、印度、俄罗斯、中国等

利用部位： 种子

大茴香有减少疼痛、消肿等作用。在欧洲常与蜂蜜一起调配成儿童止咳化痰的良方。

大茴香属伞形科，味道甜美，风味与八角相似。古罗马人开始把它加进食物里，除了可以帮助消化，也相信可以招来好运。

印度或中东料理常用大茴香来料理海鲜，或是把它加在汤里熬煮增添香味；欧洲料理则常使用于糕点中提味。大茴香也是调制印度马萨拉奶茶会运用的香料之一。

应用

使用整粒种子或磨成粉制成香料。可用于提升鱼、贝类料理的风味，或用于甜点和奶茶的调味等。

保存

放置于阴凉干燥处，保持密封状态，有助于香气及风味保存。

适合搭配成复方的香料

可与芫荽籽、姜黄、丁香、肉桂、肉豆蔻等香料调制成马萨拉香料粉作为海鲜的调味料使用。

大茴香 VS. 小茴香（孜然）

大茴香的味道有点像八角，小茴香就是我们熟悉的孜然味，但因中文译名与外形相似，常被搞混。除了闻味道外，大茴香籽的颗粒呈圆弧水滴状，小茴香则较细长。

大茴香

小茴香

葛缕子

Carum Carvi

Caraway

具有强烈的坚果香，适合增添面包的香气和口感

饮料　料理　烘焙　精油　香氛　药用

别名：凯莉茴香、藏茴香

产地：荷兰、德国、加拿大、波兰、摩洛哥等

利用部位：果实

餐后放些葛缕子在口中咀嚼可让口气清新，而用于料理调味时，有开胃改善胃胀气及助消化等作用。

葛缕子属伞型科，植株外观与大茴香相似，但气味却和小茴香十分接近，常用于蔬菜和鱼类的烹调中。在民间信仰中，把葛缕子磨碎放进心爱的东西里，就可以永远拥有它，不会被人夺爱。

广泛用于中欧和东欧的肉类料理、炖菜及糕点饼干，而印度料理中米饭的调味和德国裸麦面包、香肠中也都可以闻到它的香气。

应 用

果实可直接用于面包的制作，或磨成粉制成料理搭配的酱汁，如北非肉肠的摩洛哥辣酱。也常用于香肠、炖肉等料理中，用来去除肉腥味。

保 存

放置于阴凉干燥处，密封保存，以确保其气味。

适合搭配成复方的香料

可与孜然和辣椒制成辣酱，或搭配月桂叶、百里香作为肉类料理的调味。

葛缕子 VS. 大茴香

葛缕子、大茴香籽、小茴香籽、茴香籽长相都很相似（请参考 245 页），一不小心就容易搞混了。比起大茴香籽，葛缕子形状细长且颜色较深。且葛缕子的气味带点凉凉淡淡的孜然味，大茴香的味道则像八角。

葛缕子

大茴香

香气浓烈，适合马铃薯及鱼类料理

印度藏茴香

Trachyspermum Copticum

Ajwain

饮料 料理 烘焙 精油 香氛 药用

别名：印度西芹子、独活草

产地：伊朗和北印度

利用部位：叶、果核

印度藏茴香种子中含有百里香酚成分，对于口腔、咽喉黏膜有很好的杀菌作用。随身携带还可作为防止瘟疫等传染病的护身符。

印度藏茴香属伞形科，果核外观与葛缕子和孜然类似（可参考 245 页）。在印度料理中是一种很重要的调味香料，因为味道辛辣浓烈，只需要很少的量，就能营造出浓郁的气味。

它的果核经过烘烤或用酥油炒过提升香气后，常用于扁豆料理。或者作为富含淀粉的面食或面包、根茎类蔬菜及鱼类的调味，有时也会用来调制咖喱，或和粉一起搅拌后用在炸物上。

应 用

果核经烘烤、炒过、磨制或在两手间搓揉破裂后，可以释放更多的香气和油脂，再用于料理的调味。

保 存

放置于阴凉干燥处，保持密封状态，使用前再烘炒过香气更足。

适合搭配成复方的香料

可与姜黄、孜然、大蒜等香料一起搭配，作为扁豆料理调味使用。

肉豆蔻

Nutmeg

Myristica Fragrans

饮料　料理　烘焙　精油　香氛　药用

别名：肉蔻、肉果、玉果、麻醉果

产地：印尼、巴西、印度、斯里兰卡、马来西亚等

利用部位：皮、核仁

肉豆蔻性辛温，气味芬芳入脾，对肠胃有益，还能醒酒解毒。中医用其治疗胃寒胀痛，呕吐腹泻。其所含挥发油具芳香健胃、祛风作用，也有显著的麻醉效果。

豆蔻科高大乔木植物——肉豆蔻的成熟种仁，果实取核仁部分干燥后即为肉豆蔻，为热带著名的香料和药用植物。是中世纪时流行于欧洲的名贵香料，用于调味和医疗用途。十六世纪葡萄牙船队抵达生产肉豆蔻的印尼马鲁古群岛后，揭开近两百年香料殖民战争的序幕。

独特的香甜气味带着些许辛辣味，挥发性油脂味道强烈，尝来略带苦味，少量使用就香气逼人。肉豆蔻皮和内层的核仁味道相似，是法式传统白酱的必备香料，也是中东羊肉料理中少不了的调味。

应用

- 干燥磨粉后，入菜可去除肉类异味、增香；还能制成糕饼、布丁等甜点或泡茶、调酒。
- 萃取芳香精油，可提振精神，缓解肌肉酸痛。

保存

肉豆蔻果实磨成粉后味道容易散失不易保存，建议整粒密封保存，使用前再磨粉风味较佳。

适合搭配成复方的香料

可与咖喱、丁香、大蒜、小茴香、辣椒、肉桂搭配作为海鲜的调味，制作糕点时则可与肉桂、香草等香料搭配。

肉豆蔻原粒 VS. 肉豆蔻粉

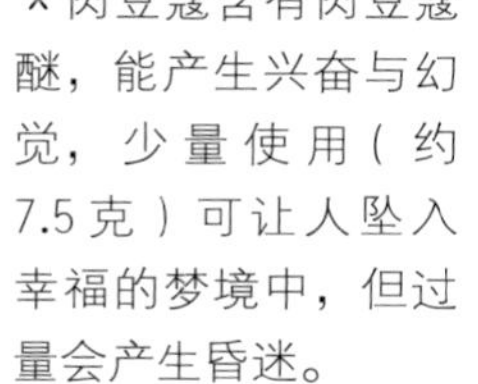
肉豆蔻原粒

*肉豆蔻含有肉豆蔻醚，能产生兴奋与幻觉，少量使用（约7.5克）可让人坠入幸福的梦境中，但过量会产生昏迷。

肉豆蔻皮是指核仁外面的鲜红色肉膜，干燥后味道带着些许辛辣感。整粒肉豆蔻的质地坚硬，建议使用时再磨粉可让香气更浓郁。

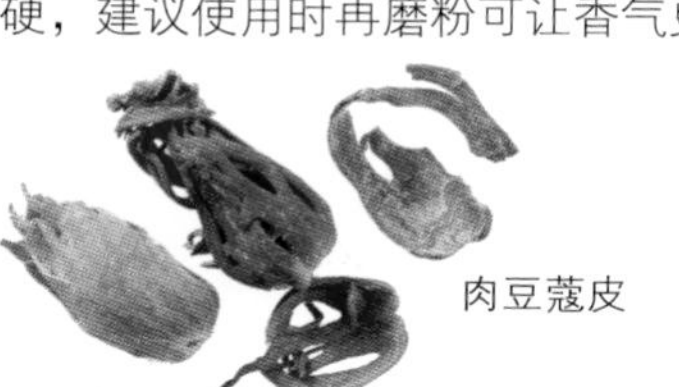
肉豆蔻皮

肉豆蔻粉

肉豆蔻的香气浓烈馥郁，耐高温久煮，很适合用在炖菜上，结合南瓜等根茎类食材加工成面疙瘩（或面条），让本无味的面粉类食物清香开胃。

印度香料

南瓜面疙瘩

香料 肉豆蔻 2 克、白胡椒粉适量、欧芹 2 克切碎

材料 南瓜 250 克、高筋面粉 100 克、蛋液 1/2 颗、帕玛森乳酪粉 10 克、黄油 10 克、橄榄油 15 毫升、水 1.5 升

调味料 盐适量

作法

1. 南瓜去籽，用电锅蒸熟挖肉捣泥。
2. 把高筋面粉、蛋液、南瓜泥、帕玛森乳酪粉、黄油、盐、白胡椒粉搓揉成一团，以手指一个个捏成 2 厘米长短的生面疙瘩。
3. 煮一锅水，加入少许盐至水煮开后，加入作法 2 的生面疙瘩以中大火煮约 2 分钟后捞起，沥干水分，再下油锅煎至金黄，淋上橄榄油、欧芹拌匀即可。

point /

南瓜亦可以马铃薯或地瓜替换。

小豆蔻（绿豆蔻）

Cardamom

Elettaria cardamomum

香甜微辛，塑造印度奶茶里的独特姜味

饮料　料理　烘焙　精油　香氛　药用

别名：绿豆蔻

产地：危地马拉、印度、斯里兰卡等

利用部位：豆荚、核仁

小豆蔻添加于料理中有助于帮助消化，食用后可保持口气清新，且有促进血脂代谢，助于减重等功能。

小豆蔻属于姜科，由于在种植条件上有诸多限制，加上产量不高所以价格不菲，与香草和番红花同为名贵的香料。在阿拉伯国家，他们会将小豆蔻加入咖啡中招待宾客。

尝起来香甜且带有些微辣味的小豆蔻，可提升肉类及蔬菜的甜味，且大量使用于印度料理，是咖喱中必备的香料；而北欧国家则多用于烘焙。

应用

- 绿色豆荚中含有黑色小籽，使用时须稍微敲碎，整粒可用于料理中。
- 干燥磨粉后可制成香料，用于调制奶茶、咖喱，或是制作糕点。

保存

豆荚不剥开，放置于密封容器中 8 ~ 12 个月仍可保持最佳香气。

适合搭配成复方的香料

可与姜、香菜、白胡椒等作为肉类料理的调味，或与肉桂、丁香、茴香籽等做成印度奶茶。

黑豆蔻

Amomum subulatum

Black Cardamom

带着烟熏味，可提升肉类风味

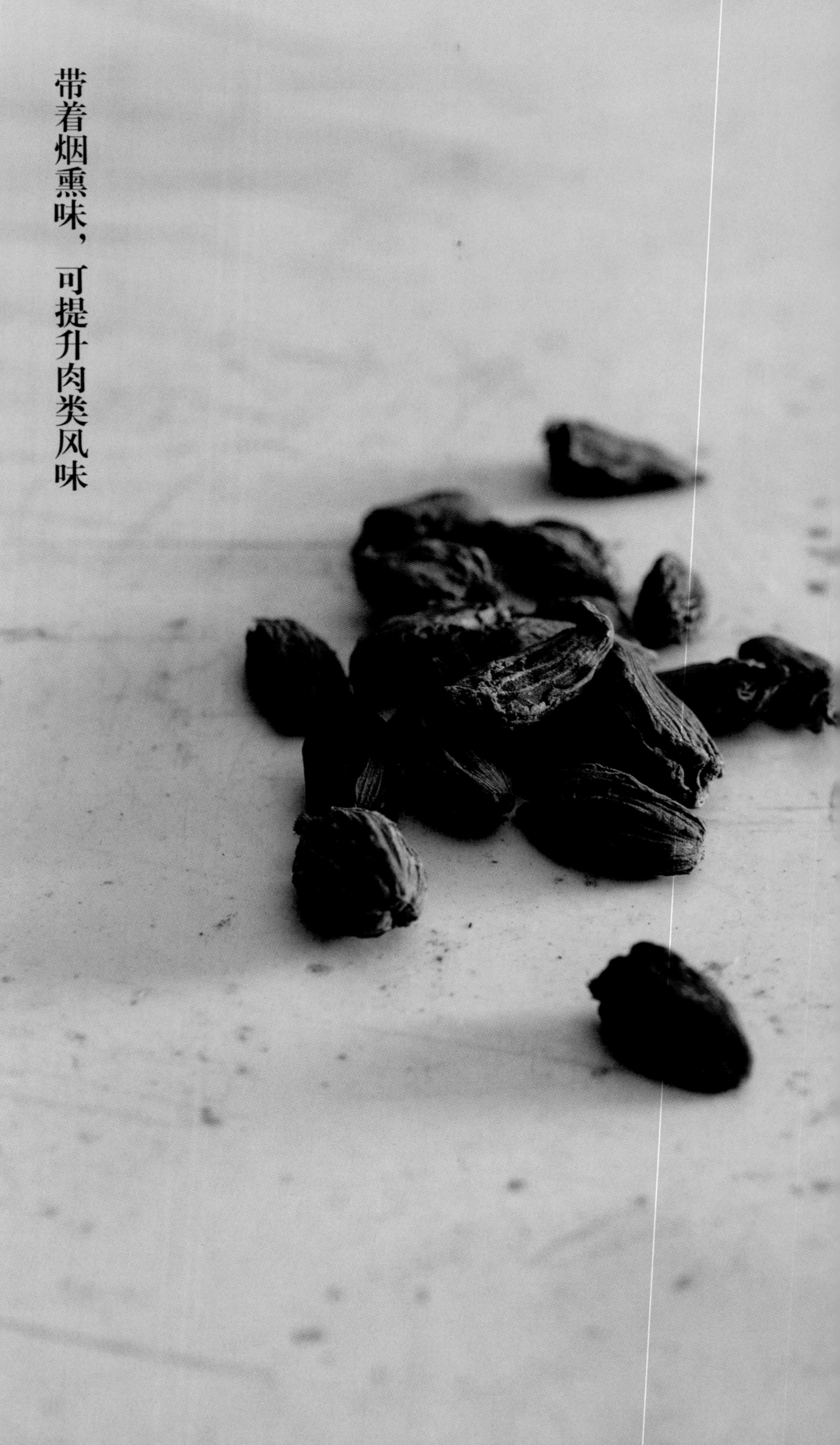

饮料 料理 烘焙 药用

别名：棕豆蔻、香豆蔻、尼泊尔豆蔻

产地：尼泊尔、印度、不丹等地

利用部位：种子

黑豆蔻从古早以来常用于治疗各种胃病及牙齿的问题。将整颗放入口中咀嚼可作为口腔清新剂。

黑豆蔻种子的大小介于草果与砂仁之间，经常被拿来取代绿豆蔻，但它的风味更适合辣味料理。整颗果荚里有许多小种子，闻起来带着樟脑的气味，因为干燥的方式让黑豆蔻有了烟熏的味道，适合用来炖肉或是红烧菜肴。黑豆蔻在印度使用非常大量，因为它也是马萨拉中常用的香料组合。将黑豆蔻整颗先用油炒香让味道释出后再料理，多使用于印度炖菜及扁豆料理中。

不过黑豆蔻在一般的超级市场里不容易买到，得到印度香料专门店碰碰运气。

应用

适合与肉类及豆类一起料理，或是烹调辣味咖喱时调味。

保存

整颗果荚密封保存，避免剥开后香味散失。

适合搭配成复方的香料

与肉桂、小茴香、丁香、香菜等调制成马萨拉综合香料粉。

葫芦巴

Fenugreek

Trigonella foenum-graecum

甜而微苦，是印度料理中常见的调味香料

饮料　料理　烘焙　精油　香氛　驱虫　药用

别名：苦豆、香豆、香苜蓿

产地：阿富汗、巴基斯坦、伊朗、印度、尼泊尔等

利用部位：叶、种子

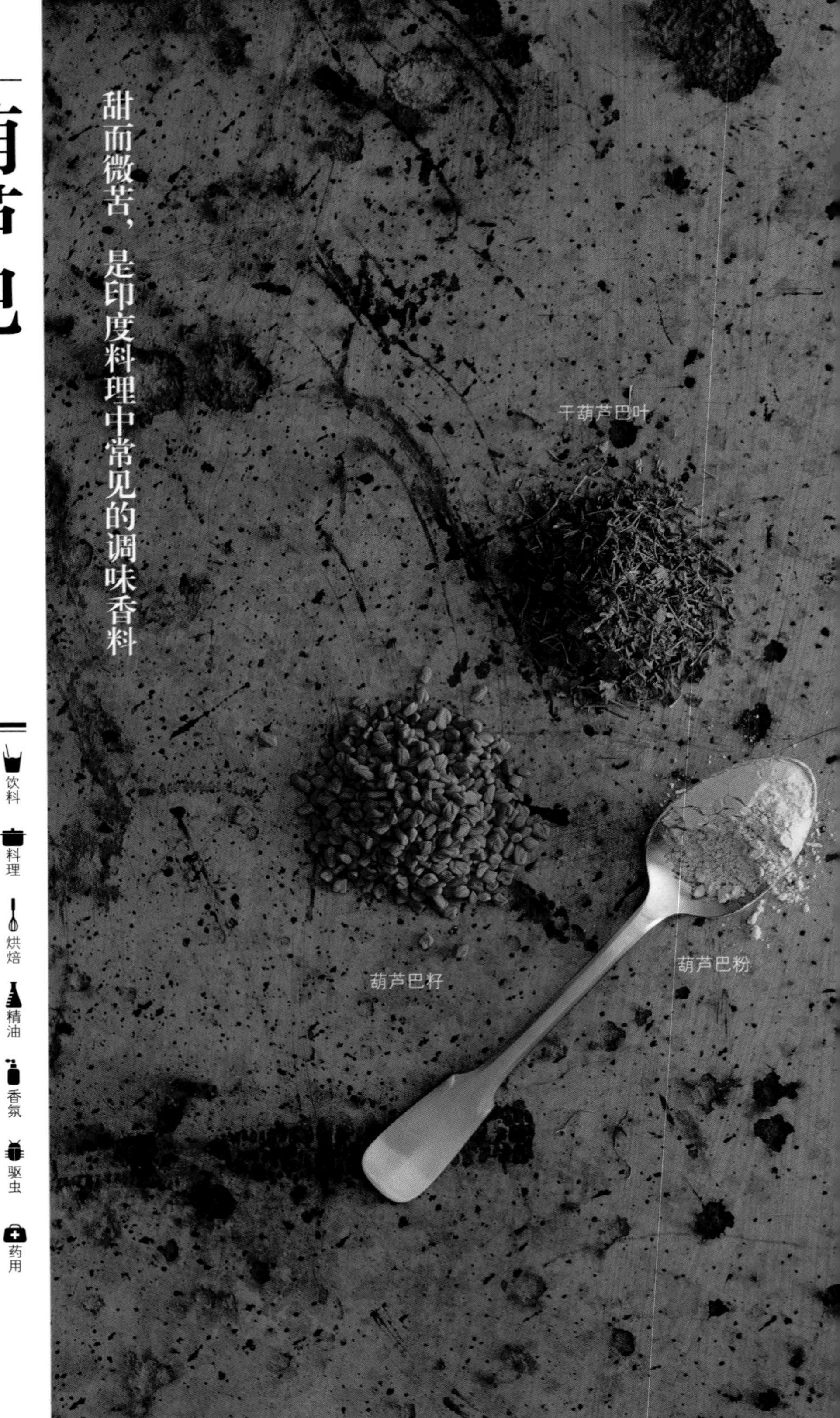

传统印度阿育吠陀疗法及中医都使用葫芦巴籽。宣称具有控制血糖、降低胆固醇等功效，甚至可提升性欲。而女性哺乳期时食用则有助于催乳。

葫芦巴属豆科蝶形花亚科，味甜而微苦。种子经过烘烤和磨制后味道更加浓郁，带着枫糖浆的风味，在印度料理中向来是调制咖喱的香料之一，或用于豆类、蔬菜、烤肉料理中；叶子可鲜食做沙拉；干燥的种子与叶可一起调制成香草茶，或用于腌渍菜、炖菜及汤的调味。

应 用

- 新鲜或干燥的葫芦巴叶，或是经烘烤并磨成粉后的种子，皆可用于咖喱的调味。
- 将葫芦巴籽催芽后培育成芽菜，可以做成沙拉或芽菜卷。

保 存

- 新鲜的葫芦巴叶放入冰箱冷藏可保存一周左右，晒干后则可保存一年。
- 干燥的种子或粉则需密封保存。

适合搭配成复方的香料

可与芫荽籽、大茴香、孜然、肉桂等香料搭配作为肉类的调味。

PART 5

台式料理的香料日常

卤牛肉忘了加八角、炒米粉上没有油葱酥、麻婆豆腐里不摆花椒、猪血糕不蘸香菜……想着想着，是不是一切都不对味了？

台式香料无所不在，每天都要碰上几种，有的辛辣、有的带呛、有的甘甜有尾韵、有的有柑橘香，它们是不消言说，却深植在味觉里的迷人滋味。

台式香料，里头有我们熟悉的家乡味

文／冯忠恬
摄影／璞真奕睿影像工作室、王正毅、林鼎杰

异乡游子说："闻到红葱头，就好像闻到了家乡的味道。"

在台式料理里，香料从不明显招摇，却是少了会让人觉得缺一味的关键存在。这和吃到苹果派感觉到肉桂、拿到羊排知道可以和迷迭香一起烤、放松时想要来杯薰衣草茶，或迷恋姜黄的养生功效不同。因生活环境的关系，台式料理吃的是一种"认同"与"熟悉"，虽看不到，甚至辨识不出它的味道（有多少人知道甘草或丁香是什么味），但若某道菜少了它就会觉得怪怪的，它不像当归、人参的重口味，却有种融合在一起的和谐口感，可增香、补味、带出甘甜余韵。

爆香要加红葱头，卤包是香料大集结

八角、陈皮、甘草、九层塔、桂皮、三奈、罗汉果、马告、刺葱……

这些香料名有些听来陌生，其实都隐身在我们每日熟悉的味道里，就像牛肉干里怎么可以没有八角；台南人吃番茄一定要蘸的姜味酱油膏，里面就加了甘草，而那正是让酱油膏回甘有尾韵的秘密武器；打开祖母的卤包，里面少不了丁香、八角、陈皮、肉桂……三杯鸡如果不加九层塔哪能叫三杯鸡！麻婆豆腐里一定要有花椒呢！

看不见的八角、丁香，常是祖母卤肉里的神秘武器。

如果到乡下地方，不少阿嬷会直接以茴香煎蛋或炒出满满的一盘茴香出来。炒米粉没加红葱头要扣 20 分；猪血糕与香菜是搭配上的好朋友；港式煲汤好喝是因为背后有看不到的罗汉果，如果煮成茶的话，比 KTV 里的胖大海更甘甜。

另外，台式料理喜欢爆香，如果爆香只加葱姜蒜，香味只会到达原本该有的位置，若加入红葱头一起，就有机会上升到香味临界点，让香气更浓郁。而提起红葱头，不少料理师傅都会笑称："这是正港台湾味。"尤其炸过后的油葱酥更是拌面、拌青菜不可或缺的美味调料。

原住民香料刺葱，又称"鸟不踏"，根上的细刺就跟它的味道一样，强烈有个性，连鸟儿也无法踏在上头。

其实甘草也常和酱油结合，它的甘甜正好中和掉酱油的咸味，坊间不少餐厅里吃到的酱油都加了甘草，平常吃的胡椒盐里也都有八角和甘草。台式香料常是复合味道里的一味，就在我们的日常生活里。

红葱头炸过后加猪油，就成了台式经典的油葱酥。

在烫青菜里加上油葱酥，是我们所熟悉的家乡味。

令人惊艳的原住民香料——马告、刺葱

除了一般日常料理常看到的八角、丁香外，原住民香料马告、刺葱也常跃上餐桌。马告带点柠檬草的味道，新鲜的比干燥的味道更浓郁，放一点在汤里，或跟着鱼一起蒸，清香的味道很令人喜欢。也因为其具有清爽的解腻功能，也开始有人加在卤包内，在全是味道较沉的香料里，马告显得高昂清香。

根上有刺的刺葱，味道则和长相一样强烈有个性，可去除食材的腥味，并透过久煮让味道融入汤汁内，不管是煮汤、炖肉，或是像香椿、九层塔一样煎蛋都可。因味道强烈，有缘分的人会很喜欢。后面食谱内和皮蛋一起搭配则是创意十足的美味手法。

谈到香料时，大家第一个想到的往往是欧美料理里的迷迭香、罗勒；南洋料理里的香茅、罗望子；或是印度料理里的豆蔻、姜黄等。其实台式香料也很精彩，只是它太深入我们的生活，不常被标举出来。如今，总算有机会可以好好观照它们，如此当下次谈到台湾味时，或许从我们熟悉的几种香料开始延伸，也是另一种好的取径。

台式料理常用香料一览

花椒

炒的话味道不容易释放，必须要嘴巴咬到才会感觉到麻味，做成花椒粉或花椒油使用较方便。或是整颗入卤汁，就像水煮牛肉般，以长时间炖煮将辛辣麻味引出。

青葱

台式料理最常用的辛香料之一，常用来爆香、铺底、切丝生吃、撒在菜肴上，也可以做成葱油饼、葱蛋等，品种繁多，以宜兰三星葱最知名。

九层塔

味道浓郁，可去腥、提味，是三杯鸡的重要香气来源之一，许多人吃咸酥鸡最后一定要来点炸的九层塔，也可放在汤里，用来煎蛋，或和茄子、螺肉一起料理。

香菜

凉拌、点缀、引香时使用。叶子不耐煮，通常都是烹调完成上桌前才加，不过香菜梗可以和牛肉一起炒，口感有点像芹菜，香港人会煮成香菜皮蛋火锅。

姜

依采收期不同分为嫩姜（生姜）、粉姜（肉姜）与老姜，辛辣程度逐步上升。嫩姜多用来切丝做成开胃菜或搭配酱汁；粉姜、老姜去腥效果好，煮汤、爆香都可用，其中姜母更是羊肉炉、麻油鸡、烧酒鸡的必备，也可做成茶饮、甜品。

辣椒

种类繁多，从辣度极高的朝天椒到没什么辣味的糯米椒都有，对无辣不欢者，吃不到生辣椒也要来点辣椒酱，但像糯米椒或绿辣椒则是吃其香气口感。匈牙利红椒粉（paprika）近年来也越来越多人使用，几乎无辣味，带点香香的甜味，主要用来调色增香。

茴香

有特殊香气，常用来煎蛋，也可做成煎饼，喜欢其气味者甚至会炒成整盘青菜。茴香不耐煮，可以切碎后撒在完成的料理上。茴香和莳萝长相、气味皆相似，但莳萝的叶子较细且气味较强烈，常用在腌制或搭配海鲜、肉品上。

蒜头

爆香必备，也可切碎放入酱油中调味，台式料理几乎无所不用，甚至煎牛排，也喜欢放些炸蒜片在旁，生吃、热炒、煮汤、炖煮皆可。最经典的吃法便是一口香肠配一口生大蒜，还有蒜头蚬仔汤等。

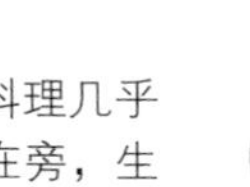

土肉桂（山肉桂）

台湾原生种肉桂，味道比斯里兰卡或中国大陆的肉桂温和，可作为卤包材料，或以肉桂粉来炒猪肉，新鲜叶片也可煮成肉桂茶。因西式肉桂较容易买到，加上味道相似，不少台式料理都将土肉桂和西式肉桂混用。

八角

可磨粉做成椒盐，也是卤包里的重要元素，红烧牛肉面、牛肉干也绝对少不了它。

甘草

味道甘甜，椒盐粉里常有甘草，有时也会用来熬甜点。台式卤包里隐而不显的重要元素，可补足回甘的尾韵。

丁香

味强有特色，少量使用就好。在台式料理里，通常不会单独存在，而是用于五香粉和卤包内，是五香、卤包里的重要味道。

罗汉果

和甘草相似，味道甘甜有余韵，大部分的港式煲汤里都有罗汉果。取其甘醇甜味，可煮汤、炖红肉、做茶饮。

小茴香（孜然）

味道温和，会释放出淡淡果香，通常作为各种味道的中和，卤包的材料之一。

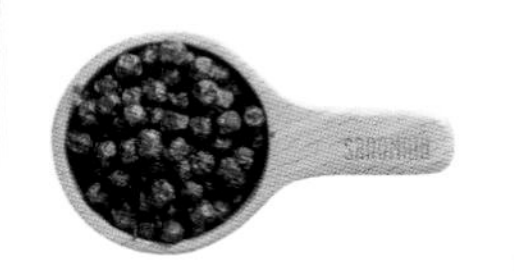

马告

又称山胡椒，带点辛辣味，常用来熬鸡汤或腌肉，也可煮成茶饮用。

陈皮

有柑橘的精油味，可去除肉类与海鲜的腥味，常拿来蒸海鲜或炒红肉。

香椿

味道浓烈，可煎蛋、和红肉一起炒、煮豆腐，或做成香椿酱拌面、抹吐司。

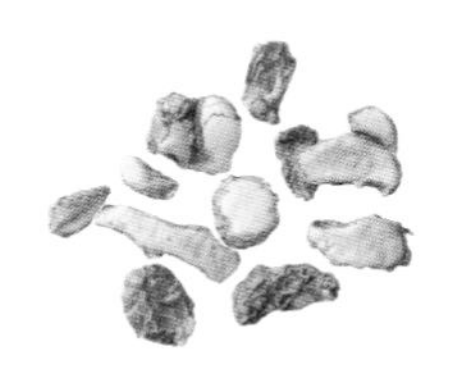

山奈

又称沙姜，和姜有点类似，但味道保守不辛辣，市面上买到的多是干燥过的，要经过油炸或焖煮味道才会释放。煮猪肉时常会用到，尤其红烧、卤肉，卤包里也常有。

桂皮

肉桂是用肉桂树皮制成，桂皮则包含了数种不同的樟科植物，如桂树、华南桂、阴香等。可用来炖肉，同时也是五香粉和卤包里的重要香料。

红葱头

必须经过爆香或炸过，味道才会释放出。炸过后可做成油葱酥，是台式料理的经典味道。葱姜蒜爆香时，加一点红葱头，香味会加乘。

刺葱

分红刺葱与白刺葱，料理上多用红刺葱，味道强烈，可去除肉类腥味，和肉类一起煮汤或炖卤都可，还有人泡成刺葱酒。

五香卤包

卤包由各式香料组成，是卤汁或卤味的灵魂味道，通常这些香料也有去油解腻及暖胃的效果。

香料 甘草5克、草果5克、桂枝2克、砂仁5克、八角5克、小茴香5克、丁香2克、三奈5克

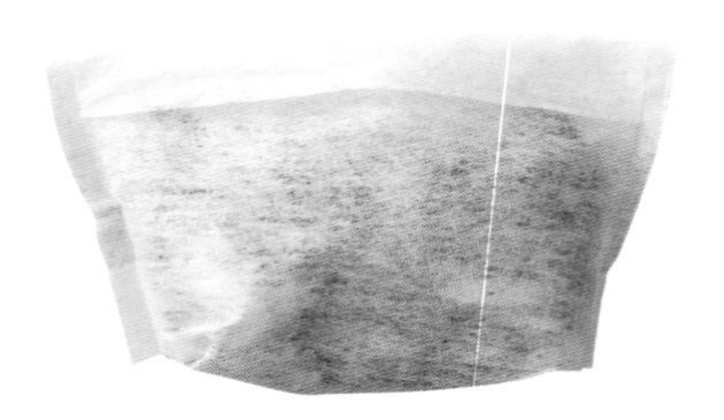

作法

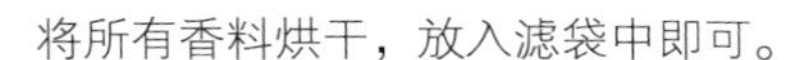

将所有香料烘干，放入滤袋中即可。

五香粉

五香粉由五种以上香料调制而成，是中式料理中常见的调味香料，经常用于红烧、卤、煮或是腌制肉类料理等。

香料 丁香 5 克、肉桂 5 克、小茴香 10 克、甘草 10 克、陈皮 5 克、八角 5 克、肉豆蔻 5 克、三奈 10 克、花椒 5 克

作法

将所有香料烘干，研磨成粉混合均匀即为五香粉。

香料酱

台式油醋青酱

材料 绿番茄 1 颗、松子 50 克、蒜头 10 颗、橄榄油 100 毫升

香料 九层塔 50 克

调味料 盐少许、胡椒粉少许、白酒醋 5 毫升

作法

1 九层塔洗净、沥干水分，番茄去皮、去籽，蒜头去除头尾，松子以干锅炒熟，备用。

2 将所有食材放入调理机内打成泥状即可。

传统的意大利青酱用的是甜罗勒，但其实用市场上常见的九层塔也可以做出台湾版的台式青酱，以绿番茄取代帕玛森芝士，再加一点白酒醋，层次也很丰富迷人。

point

因没有加水，若调理机（或果汁机）打不动时可用搅拌棒辅助。

台式香椿酱

材料 花生 100 克、姜 50 克、香油 600 毫升

香料 香椿叶 200 克

调味料 米酒 50 毫升、盐少许

作法

1 将香椿叶中间的叶脉去除，留嫩叶洗净，沥干水分，切末备用。

2 将姜、花生拍碎、切末，备用。

3 锅中倒入香油加热至中油温，加入所有材料、调味料，小火滚煮约 5 分钟后关火，放凉后装罐即可。

由新鲜香椿制成的香椿酱可作为家里的常备酱，不管是抹吐司，炒面、煎蛋、做香椿葱油饼或汆烫青菜都很好用。其中米酒和花生是制作中式香椿酱的秘密武器，会让其香气更浓郁有层次。

point

1. 若想做西式口味，可将香油改为橄榄油，不加花生、姜和米酒。
2. 制作香椿酱时，香椿的水分要充分沥干、阴干，之后装罐才不易腐坏。
3. 若觉得作法 1 以刀子切末太花时间，也可用果汁机或食物调理机将香椿打碎。

经典菜

肉臊好不好吃，红葱酥将是一个重要调味元素，它除了能去除肉腥味，还能满室生香。因此肉臊中会大量使用红葱酥提味，这熟悉的味道也是古早味的由来！

古早味肉臊

材料 梅花肉600克、猪皮100克、蒜头10颗、干香菇2朵、虾米30克、水300毫升

香料 红葱头20颗

调味料 酱油3大匙、糖1大匙、米酒2大匙、芝麻酱1大匙、白豆腐乳2块

作法

1 梅花肉和猪皮绞碎，红葱头、蒜头切末；香菇、虾米泡软，切末备用。

2 锅中入油，炒香红葱头、蒜末至金黄色，加入猪绞肉、香菇、虾米炒香，最后加入调味料、水淹过食材，开小火煮20分钟，之后关火再焖一小时即可。

point

爆香红葱头时宜选用大一点的锅子，因为红葱头含水量高，下锅容易膨胀，如此可避免油与红葱头溢出锅外。

这令人垂涎的味道里，少不了红葱头的香气，还有卤汁里的八角、桂皮，温和的辛辣味能让卤肉吃起来不腻口又能口齿留香。

台式卤肉

材料 带皮五花肉 400 克、炸豆干 5 块、葱 5 根、蒜头 10 颗、姜 5 片

香料 红葱头 5 颗、八角 5 颗、桂皮 10 克

调味料 酱油 3 大匙、米酒 2 大匙、糖 2 大匙、绍兴酒 2 大匙

作法

1 将五花肉切厚片、洗净，葱、姜、蒜、红葱头等辛香料拍碎，备用。

2 锅中放入少许油，将五花肉慢火煎至表面微黄，加入香料及调味料爆炒上色，再加入炸豆干，并加水淹过所有食材，以大火煮滚后，关小火焖煮约 40 分钟至五花肉口感软绵即可。

台式料理 常用香料

丁香

Clove

Syzygium aromaticum

除料理、药用外，更是古时候的口香糖

料理　精油　驱虫　药用

别名：丁子香、公丁香、鸡舌香

产地：印尼、马达加斯加、马来西亚、斯里兰卡等地

利用部位：花蕾

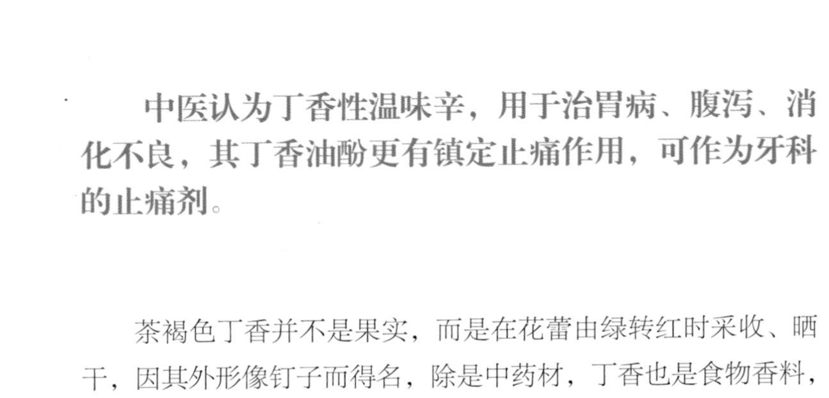

中医认为丁香性温味辛，用于治胃病、腹泻、消化不良，其丁香油酚更有镇定止痛作用，可作为牙科的止痛剂。

茶褐色丁香并不是果实，而是在花蕾由绿转红时采收、晒干，因其外形像钉子而得名，除是中药材，丁香也是食物香料，辛辣中带点苦味，是五香粉和印度咖喱粉的原料之一。

丁香夏季开花时气味浓到连蚊蝇都远离，因此堪称香气最浓的香料。古时大臣会直接口含丁香以消除口臭，日本最有名的印尼香烟也加入丁香这一味。内用外服都可，经济价值相当高。选购时以外观完整、颗粒大、鲜紫棕色、香气强烈、油多者为优。

应用

- 丁香本为中药材，干燥后亦可当香料用于烹调，可为肉类去腥添香，尤其是卤菜最为适合，如丁香肘子，亦可炒菜、做腌渍食品、蜜饯，加工制茶、酿酒等，如烈酒竹叶青中就有丁香成分。
- 丁香具有特殊香味，也适合搭配甜食如巧克力布丁、糕饼等。
- 花蕾蒸馏所得的丁香油可制成芳香精油，或加工成防虫药水。

保存

花蕾干燥后保存于阴凉、无日光直射处。

适合搭配成复方的香料

干燥磨粉后与肉豆蔻、肉桂为基底，再与其他香料结合成印度家庭式综合辛香料，常见于印度料理。

point /

丁香烧猪脚可以加入桂竹笋、马铃薯、红萝卜、白萝卜或栗子等食材一起卤煮，增添蔬菜的甜味。

台式香料

丁香烧猪脚

丁香有浓烈的气味能够压制猪脚的肉腥味，经过长时间卤煮，味道进到猪脚中，同时因为它有帮助消化的作用，多少可起到解腻的效果。

香料 丁香 10 克、八角 5 颗、桂枝 10 克、花椒 5 克

材料 猪脚 600 克、葱 3 根、姜 5 片、辣椒 2 根、蒜头 5 颗

调味料 酱油 2 大匙、米酒 2 大匙、番茄酱 1 大匙、糖 2 大匙、豆瓣酱 1 大匙

作法

1 猪脚切小块，汆烫后洗净；葱、姜、蒜、辣椒略拍碎，备用。

2 锅中入油烧热，将所有材料、香料放入锅中以小火慢煸至辛香料微焦，再加入调味料拌炒至酱香味出来。

3 加水淹过猪脚，盖上锅盖小火慢卤约 1.5 小时至猪脚软绵，拣除香料及辛香料即可。

台式香料

丁香扣鸭肉

一般而言，气味浓烈的丁香适合与红肉搭配，去除较重的腥味，也适合与家禽类中的鸭肉一起料理，搭配其他香料，让肉质吃起来更香甜。

香料 丁香 10 克、甘草 10 片、八角 5 颗、桂枝 5 克、草果 2 颗

材料 鸭 1/2 只、桂竹笋 300 克、姜 5 片、蒜头 10 颗、葱 2 根、青花椰菜 100 克、当归 1 片

调味料 酱油 2 大匙、糖 1 大匙、米酒 2 大匙

作法

1 鸭肉切块，姜、蒜、葱略拍，青花椰菜切小朵汆烫，备用。

2 锅中入油，加入葱、姜、蒜及香料以小火炒至香味散发出来，再加入鸭肉续炒，待肉香味出来后加入调味料拌炒均匀。

3 最后加入当归及水淹过鸭肉，盖上锅盖煮约 20 分钟至鸭肉软绵后，拣除香料及葱、姜、蒜等辛香料，盛盘后以青花椰菜围边即可。

point /

鸡棒腿亦可用猪五花替代。

辛辣中带点微苦的丁香，与食物一起烹调后会转为温和甘甜，不只能替肉类去腥解腻，还能促进食欲。除台式料理外，南洋料理偶尔也会用到，因味道强烈，只要一点点就有效果，千万不可多放。

台式香料

菲律宾炖肉菜

香料 丁香 3 粒、白胡椒粉适量

材料 鸡棒腿 200 克、马铃薯 100 克、胡萝卜 80 克、洋葱 60 克、大蒜 10 克、碳酸水 250 毫升、开水 250 毫升、菜籽油 30 毫升

调味料 盐适量、番茄酱 45 毫升

作法

1 马铃薯、胡萝卜、洋葱都切块状，大蒜切碎。

2 起锅放入菜籽油，先煎鸡棒腿至上色后，再放入大蒜、洋葱炒香。

3 加入碳酸水、番茄酱、开水、丁香用大火煮至滚沸后，转小火炖煮约 15 分钟，放入胡萝卜、马铃薯再煮 10 分钟，最后加入盐、白胡椒粉拌匀后再煮约 10 分钟即可。

point／

丁香的香气浓烈，辛辣中带点苦味，单独食用时口中会残留麻涩感，但与食物烹调后，味道则转为温和甘甜。

八角

star anise

Illicium verum

独特浓厚辛香味，红烧卤味必备香料

料理　香氛　驱虫　药用

别名：八角茴香、大料、八月珠、大茴香

产地：中国西南部、越南东北部

利用部位：果实

八角的香味来自茴香脑 (Anethole)，能促进蛋白质和脂肪的消化，同时改善营养吸收，也可舒缓肠躁症。

八角生长在我国南部，别名“大茴香”，跟原生于地中海的茴香味道相近。

八角的果实形状像八个角的星星，因而得名，在台湾料理中很常见，气味芳香浓郁，独特的辛香味中又有甘草和丁香的气息，只要在菜肴、饮料或甜点里使用少量，便能提点出鲜明的风味。

应用

- 八角是调配卤汁、腌制或红烧料理中的主要香料，可去除肉类的腥膻，也可提味。
- 味道与甘草接近，可在料理中替代甘草。

保存

干燥的八角可密封储藏一至两年，研磨成粉约可储放半年到一年。

适合搭配成复方的香料

八角是五香粉的成分之一，其他成分包括白胡椒、肉桂、丁香、小茴香籽等。

八角味道强烈，只需一小颗就能提香、去除肉类腥膻味。以八角、甘草、米酒泡制的香料水，趁热拌入炸好的排骨上，虽看不见香料踪迹，却有满满香味，并能增添湿润口感。

台式香料

椒盐排骨

香料 八角 10 颗、甘草 5 片

材料 排骨 300 克、蒜头 5 颗、辣椒 1 根、鸡蛋 1 颗、酥炸粉 1 大匙、香菜 1 根

调味料 米酒 100 毫升、盐少许、糖少许

作法

1 将八角、甘草先用米酒浸泡约 2 天成为香料水。

2 排骨切小块，蘸蛋液后裹上酥炸粉，静置略腌 5 分钟。

3 辣椒、蒜头切末，备用。

4 锅中入油烧热，放入排骨炸至金黄后，整锅倒入滤网中，把排骨滤起来。

5 原锅炒香辣椒、蒜末，加入炸好的排骨、糖、盐拌炒入味后，再加入作法 1 的香料水拌匀，起锅盛盘后撒上香菜即可。

point /

有些人会在胡椒粉内加入些许的甘草粉以增加甘甜味，此道食谱在制作香料水时加入甘草，也有异曲同工之妙。

甘草

Licorice

Glycyrrhiza uralensis

来自北国荒漠的甘甜滋味

饮料　料理　烘焙　药用

别名：乌拉尔甘草

产地：中国北部（主要生长在干旱的荒漠草原）

利用部位：根、根茎

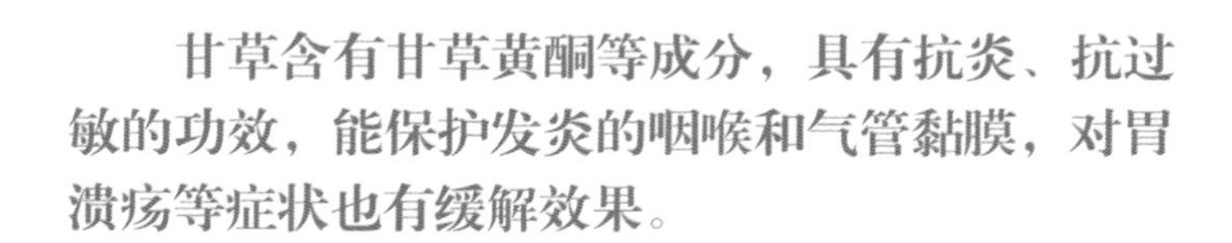
甘草含有甘草黄酮等成分，具有抗炎、抗过敏的功效，能保护发炎的咽喉和气管黏膜，对胃溃疡等症状也有缓解效果。

甘草是一种草本植物，中国医学自古就以甘草入药，使用其根和根茎的部位，多以切片状贩售。顾名思义，甘草带有独特的清香甜味，除了作为中药使用，还可以用来泡茶、入菜。台南人吃番茄喜欢加的姜泥酱油膏，里面其实就加有甘草，有些餐厅也会在酱油里加甘草，带出甘甜感，卤东西时更是必备，虽然味道不如八角强烈，却可补足强味后头的余韵。

北欧人对甘草口味有近乎疯狂的热爱，还把甘草糖加入冰淇淋、巧克力等点心里。

应 用

- 直接与菊花或柠檬煮成花草茶，具有清热解毒的功效。
- 甘草片需透过炖煮味道更易释放出来，炖汤时加入甘草片，能增加汤头的甘甜。

保 存

甘草片应放在通风干燥处，避免受潮。

适合搭配成复方的香料

甘草是五香粉的成分之一。料理中加入少许八角、丁香与甘草，有去腥提味的效果。

台式香料

甘露蒸蛋

蒸蛋时没有高汤怎么办？利用甘草带甜味的特性煮成甘草水后加入蛋液中，一方面去除蛋腥味，另方面可以帮忙提点出鲜甜好味道。

香料 甘草 5 片、白胡椒粒少许

材料 鸡蛋 6 颗、粉丝 1 把、虾米 30 克、绞肉 100 克、香菜 1 根、葱 1 根、水适量

调味料 酱油 1 大匙、糖少许、香油 1 大匙

作法

1 粉丝泡软剪成小段，香菜叶、葱切末，备用。

2 将甘草、白胡椒粒、香菜梗加入水中煮到香味出来成为甘草水，备用。

3 锅中入油把绞肉、虾米炒熟、炒香，备用。

4 取一个盆将鸡蛋打入，加入等量的甘草水，打匀成蛋液。

5 取一蒸盘，放入作法 3、粉丝及甘草蛋液，入锅蒸熟，取出后撒上葱花、香菜，锅中烧热油淋上。

6 用锅中余油加入调味料及等量甘草水煮滚后倒入作法 5 中即可。

台式香料

椒盐鲜鱿

在椒盐里加点甘草粉提味是中式料理常见的调味方法，加了甘草粉的椒盐味道更温和不呛辣，带有甜味并可提鲜，在海鲜料理或炸物中常见。

香料 甘草粉少许

材料 花枝 300 克、鸡蛋 1 颗、圆生菜 1/4 颗、葱 1 根、辣椒 1 根、蒜头 5 颗、酥炸粉 2 大匙

调味料 胡椒粉少许、盐 1 小匙、糖 1 小匙

作法

1 葱、蒜、辣椒切末；圆生菜洗净、切丝，排盘，备用。

2 将甘草粉及调味料混合成甘草椒盐。

3 花枝切条状、再切花刀，先蘸蛋液，再裹上酥炸粉。锅中入油烧热，放入花枝炸至金黄，捞起沥干多余油分。

4 锅中留余油，倒入葱、蒜、辣椒爆香，续入炸好的花枝拌炒后，撒上甘草椒盐即可盛盘。

陈皮

Citrus reticulata Blanco

Tangerine Peel（Chenpi）

陈年果皮，让料理更有韵味

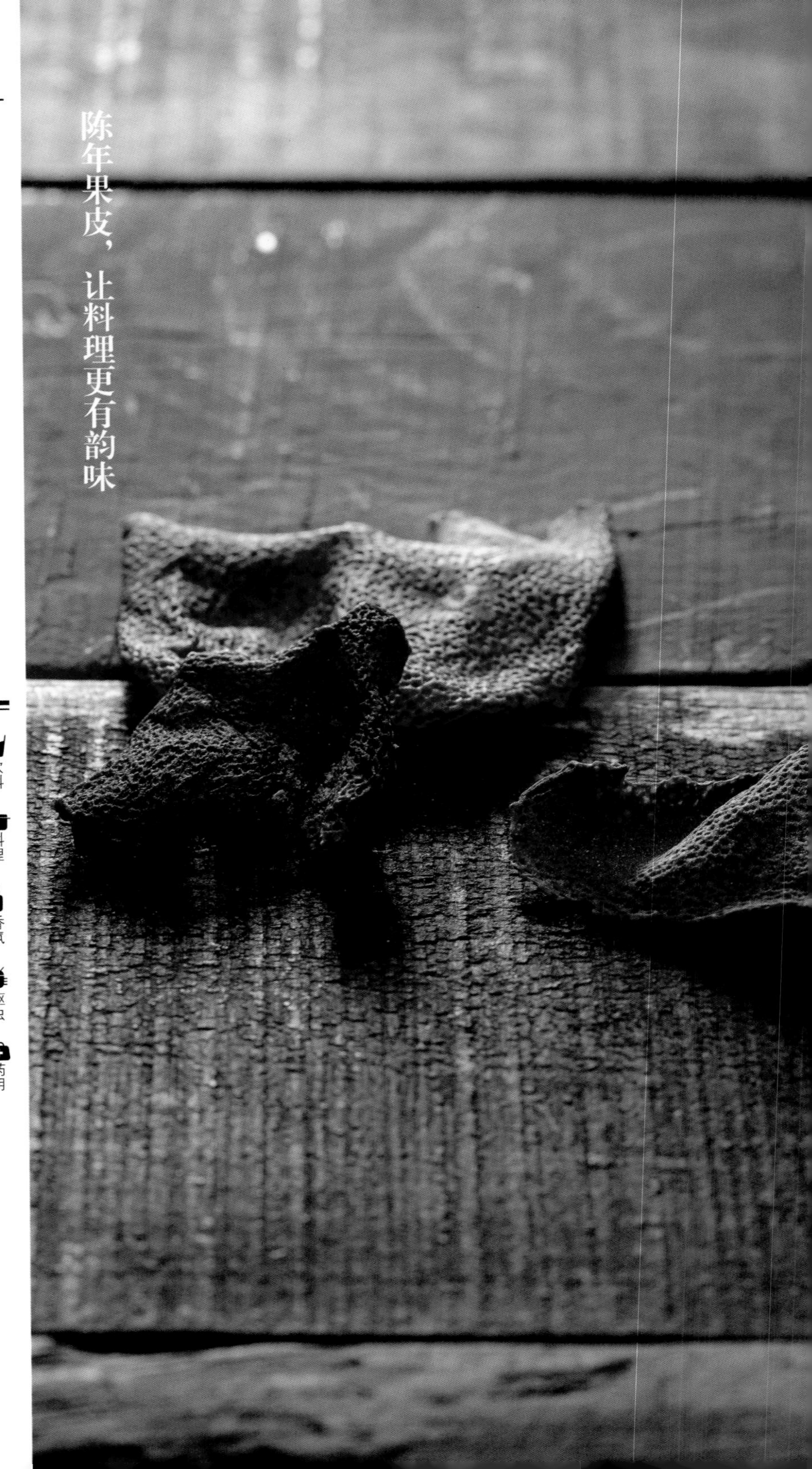

饮料　料理　香氛　驱虫　药用

别名：橘皮、贵老、红皮、新会皮、广陈皮

产地：以中国广东新会出产的大红柑为材料制成的陈皮，最为有名

利用部位：果皮

陈皮的三大药效是理气、燥湿、和中，对心肺系统的症状如呼吸道感染、咳嗽多痰；脾胃系统如胃痛、呕吐；以及肝肾系统如脂肪肝、水肿等，都可发挥功效。

橘子剥下的果皮，晾干一年以上，就成了陈皮。这种药材被称作陈皮，因为它越“陈”越好。经天然晒干的陈皮，所含的挥发油随时间减少，而黄酮类物质的浓度则越来越高；黄酮类物质有很强的抗氧化作用。在广东菜里，常用陈皮蒸鱼、肉、海鲜，利用柑橘的香气来去腥。

陈皮入药的用途非常广泛，也可作为烹饪佐料，或制作为零食，在生活中也有许多芳香除臭的妙用。

应 用

- 有个快速制作陈皮的捷径：把橘子皮放进烤箱烤干，此时果皮散发出淡淡的橘油香味，是天然的芳香剂和干燥剂。
- 熬煮卤汁、煮粥或其他鱼肉料理中加入少许陈皮，可去腥提味，且可让食物味道更有层次。
- 鱼虾类料理时加入陈皮有杀菌作用，还能平衡鱼虾的寒性。

保 存

晒干后的陈皮应放在干燥阴凉处以避免受潮，放置时间越久越好。

适合搭配成复方的香料

陈皮和芝麻、山椒、紫苏、海苔等，是日式七味粉的原料。

point /

陈皮泡软后须将白色的内囊去除，再进行料理，避免其产生的苦味影响了菜肴风味。

台式香料

豉汁陈皮蒸排骨

陈皮带着柑橘类的清新味道，除了能压住肉味外，也有去油解腻的效果，所以蒸排骨时，加入陈皮不但可增加风味，也能让料理的层次更丰富！

香料 陈皮 1 片

材料 排骨 300 克、豆豉 50 克、豆腐 1 盒、姜 3 片、蒜头 5 颗、辣椒 1 根、香菜梗 2 根、葱 1 根

调味料 酱油膏 2 大匙、米酒 2 大匙、糖 1 大匙、胡椒粉少许、香油少许

作法

1 排骨切块、洗净，陈皮泡软去除内囊，辣椒去籽、蒜头、香菜梗、姜及豆豉均切末，葱切葱花，豆腐切片排入盘内，备用。

2 取一个盒子，将全部食材（葱花、豆腐除外）及香油外的调味料拌匀，倒入豆腐之上，放入蒸锅内蒸熟（水滚约 12 分钟），取出撒上葱花。

3 锅中入少许香油烧热，淋上即可。

台式香料

陈皮炒牛肉

蚝油炒牛肉口感上带有甜味，若加入陈皮的柑橘味，则可让这道菜吃来更清爽不腻，而且陈皮有分解油脂、帮助消化的功效，很适合与牛肉一起料理！

香料 陈皮 2 片

材料 牛肉片 200 克、笋片 100 克、甜豆 100 克、鸡蛋 1/2 颗、姜 2 片、蒜头 2 颗、辣椒 1 根、葱 1 根、太白粉水适量

调味料 蚝油 1 大匙、糖 1 小匙、香油 1 小匙、胡椒粉少许

作法

1 牛肉片用蛋液、太白粉水略腌，陈皮泡软去囊切丝，葱、姜、蒜、辣椒切小片状，甜豆切菱形，备用。

2 锅中入油倒入牛肉片过油后捞起，将油倒出来。

3 锅中留余油倒入陈皮及辛香料爆香，续入牛肉片、笋片、甜豆略炒，再加入调味料拌炒均匀即可。

马告

Litsea cubeba

Mountain Litsea（Maqau）

饮料 料理 精油 香氛 驱虫 药用

别名：山胡椒、山鸡椒、山姜子等

产地：中国台湾地区、印尼

利用部位：果实、叶子

带着柠檬香气，吃进满口山林芬芳

干燥马告

新鲜马告

马告的挥发性成分具安眠、镇痛、抗忧郁作用，可调节中枢神经的活性；也有消肿、解毒、止痛的功效。

“马告”一词来自泰雅族语，是台湾原生植物，主要分布在山区的阔叶树林内。虽然它的中文名字叫“山胡椒”，但果实的味道与胡椒不同，辛辣中蕴含姜的香气，是原住民传统料理中的天然香料。

通常拿来搭配鱼肉和鸡肉，可拿来腌制或煮汤，新鲜的较干燥的味道强烈。干燥马告使用前，可先泡水让其稍微膨胀回春，香气更能释放。除了果实入菜，马告的树叶与树皮也会散发出独特香气，可提炼成具柠檬香气的精油。

应用

- 马告果实是原住民料理的重要佐料，可增添食物香气、提振食欲，还可去腥。新鲜嫩叶可入菜，花朵也可泡茶。
- 赛夏族与泰雅族人常以捣碎的马告新鲜果实泡水饮用，缓解宿醉后的头疼、身体酸痛等症状。把叶子或果实汁液涂在皮肤上，也可防蚊虫叮咬。

保存

早期原住民会将马告未成熟的绿色果实以盐腌渍后装瓶保存；有了冰箱后，则可直接将新鲜果实密封冷冻或晒干保存。

马告花

point /

马告略拍碎，可在烹煮时让马告的香气更易释放。但要避免整颗破碎无法捞起，如此反而会影响喝汤时的口感。

台式香料

马告鸡汤

米酒可提升马告的香气，因此在煮鸡汤时加入米酒，一来提味、二来可让鸡汤喝起来更暖和。马告鸡汤是原住民很熟悉的味道，以马告独特的清香去腥，并增加风味！

香料　马告 80 克

材料　鸡肉 600 克、白玉菇 100 克、柳松菇 100 克、牛蒡 100 克、姜 5 片、红枣 10 颗

调味料　米酒 100 毫升、盐少许

作法

1 鸡肉切块；菇类切去尾端，切成两段；牛蒡洗净，不去皮切片；马告略拍碎。

2 鸡肉汆烫洗净放入锅中，加水约 2 升（盖过食材），加入所有食材煮滚后，关小火煮约 10 分钟，再以调味料调味即可。

台式香料

马告蛤蜊丝瓜

马告带着淡淡柠檬香气，料理海鲜时可去腥提味。清爽的蛤蜊丝瓜加入马告一起烹煮，可增添几分淡雅，让菜肴的味道更有层次。

香料　马告 30 克

材料　丝瓜 400 克、蛤蜊 200 克、柳松菇 80 克、白玉菇 80 克、枸杞 5 克、姜 3 片、葱 2 根

调味料　香油 1 大匙、糖少许、盐少许、胡椒粉少许、米酒 1 大匙

作法

1 丝瓜用刀背刮除瓜菁，切成菱形；菇类切去尾端，切小段；葱切小段；马告略拍碎。

2 锅中入油爆香葱、姜、马告，加入所有食材拌炒后，续入调味料小火煮至蛤蜊开口即可。

香椿

Chinese Toona

Toona sinensis

树上的蔬菜，香气如大树般性格鲜明

饮料　料理　烘焙　驱虫　药用

别名：红椿、椿芽树、椿花、香铃子

产地：原产于中国，生长在东亚与东南亚各地

利用部位：嫩芽、枝干、树皮

香椿有非常好的抗氧化效果，能抑制多种致癌物活性、降血糖、降血压、增强免疫能力等。

香椿原生于中国，树身可达 25 米。一般用作料理的是香椿树在春天长出来的嫩红芽叶，所以被称作“树上蔬菜”，是时令名品野菜，营养价值高。

香椿的树根与树皮也有药用价值，而且近年也因为其保健功能而大受欢迎。

它特殊的香味可取代葱、蒜入菜，是素食料理中的重要调味品。

应 用

- 香椿剁碎后炒香，或拌油，可装罐保存，适合拌面，或用作蘸酱、调味。
- 新鲜叶子不宜烹煮过久，适合凉拌或做成沙拉。经干燥的树皮或枝干，可煮成香椿茶，有止泻的功效。

保 存

香椿叶必须新鲜食用。经干燥的树叶、根枝，须存放于干燥阴凉处，避免受潮。炒香或拌油后的香椿，则最好冷藏保存。

香椿独特的香味适合与豆腐搭配，当平淡无味的豆腐裹上香椿酱后，每个小四方丁入口都有了浓浓香气。香椿调成酱后可随时取用，不论是拌面、拌饭或做料理，都可为平淡中加入精彩！

台式香料

香椿烧豆腐

香料 香椿酱 3 大匙（作法请见 303 页）

材料 豆腐 1 盒、猪绞肉 100 克、香菇 2 朵、丝瓜 1/2 条、蒜末 5 克、姜末 5 克、松子 10 克、虾米 20 克、太白粉水适量

调味料 糖 1 大匙、盐少许、香油 2 大匙

作法

1 豆腐切成四方小丁，香菇、丝瓜也切小丁，备用。

2 锅中入油爆香姜、蒜末，加入绞肉炒出香味后，续入虾米、豆腐丁、糖、盐及香椿酱拌煮入味，加入太白粉水勾芡。

3 起锅前加入香油，盛盘后撒上松子即可。

point

1. 松子可增加口感及香气，最后撒上有画龙点睛的效果。
2. 松子事先用干锅炒香或烤过，香气风味更足！
3. 若不想以太白粉勾芡，也可用莲藕粉取代，更天然、健康。

刺葱

Decaisne Angelica tree

Zanthoxylum ailanthoides

浓浓的原住民风味，为料理注入山野滋味

饮料 料理 烘焙 精油 香氛 驱虫 药用

别名：食茱萸、越椒、红刺葱、刺江某、鸟不踏等

产地：台湾地区中部海拔 1600 米以下的阔叶林地，是南投名产之一；也见于我国南部和日本

利用部位：叶子、果实

刺葱果实做药用，有温中、燥湿、杀虫、止痛的功效；叶子捣碎后外敷，有助于散瘀。

刺葱分红白两种，但一般食用的是红刺葱，也就是中式料理中的“食茱萸”。刺葱还有一个有趣的别名——“鸟不踏”，因为枝干上布满尖刺，连小鸟也不伫立栖息。

红刺葱有辛香气味，古代曾与花椒、姜并列为川菜“三香”，而它也是原住民的传统食材，除了入菜，也是民俗疗法中常用的草药。

应用

- 红刺葱能去腥、去油、解腻、提味；嫩心叶或嫩苗可做菜，邵族的传统料理之一即是将嫩心叶或嫩苗洗净后腌渍，风味极佳。
- 叶子晒干磨粉后，可制成口味独特的蛋糕、饼干。红刺葱的种子有强烈香气，也可替代胡椒使用。
- 古人相信红刺葱有尖刺及强烈香气，能避邪挡煞，有些地方习俗会在端午节时在香包里放入红刺葱。

保存

刺葱叶不易保存，应趁鲜使用；晒干后磨成粉，可保存香气。

白刺葱

刺葱分红、白两种，但一般食用的为叶柄红色的红刺葱，白刺葱香气较淡，较不适合烹调。

刺葱 VS. 香椿

香椿

刺葱与香椿一样都是羽状复叶，常让人分不清，但最好的分辨方法是刺葱叶脉、叶片上都充满了刺，香椿则无刺。

刺葱

point /

刺葱在最后起锅前再加入略煮，可保留香气，避免经过长时间滚煮而散失味道。

台式香料

刺葱皮蛋

刺葱的叶子可取代九层塔煎蛋，看起来平凡的煎蛋，因为添加了刺葱强烈的气味，刚好可以压住皮蛋的特殊味道，让煎蛋的风味更好！

(香料) 刺葱 50 克

材料 皮蛋 3 颗、鸡蛋 6 颗、白玉菇 100 克

调味料 盐、糖、胡椒粉各少许

作法

1 皮蛋蒸熟去蛋壳，切成六块；白玉菇切丁，备用。

2 取新鲜刺葱叶，去除中间带刺的叶脉，将叶片切末。

3 取一个盆打入鸡蛋，将所有材料、调味料加入一起拌匀。

4 锅中入油倒入作法 3，以小火煎至焦香即可盛盘。

台式香料

刺葱麻油鸡肉

刺葱特殊的辛香味，可去肉类的腥膻，原住民常用来煮鸡汤，除了增添鲜美滋味，还有扑鼻的香气及治风寒的效果。

(香料) 刺葱 50 克

材料 鸡肉 400 克、老姜 100 克、红枣 10 颗、杏鲍菇 100 克

调味料 米酒 600 毫升、盐少许、黑麻油 6 大匙、白开水 200 毫升

作法

1 鸡肉切块、老姜切片、杏鲍菇切滚刀块，备用。

2 取新鲜刺葱叶，去除中间带刺的叶脉，取叶片。

3 锅中加入黑麻油 3 大匙，爆香姜片后，续入鸡肉拌炒出香味，再加入杏鲍菇、红枣、米酒、盐及水，煮至鸡肉熟软。

4 最后加入刺葱滚煮 1 分钟后，起锅前再加入 3 大匙黑麻油即可。

土肉桂

Cinnamomum osmophloeum

Indigenous Cinnamon Tree

来自台湾原生品种，为料理增添辛辣元素

饮料　料理　精油　香氛　驱虫　药用

别名：山肉桂、台湾土玉桂

产地：生长在台湾低海拔阔叶树林中

利用部位：树叶、树皮、种子

土肉桂有清热解毒，治腹痛、风湿痛、创伤出血的功效。而肉桂醛为天然杀菌剂，可抑制霉菌。萃取出的肉桂精油则可用于改善皮肤病。

肉桂是中西料理中的重要香料，爱吃肉桂卷或喜爱在咖啡奶泡撒上肉桂粉的人，一定对这种香料的味道着迷不已。土肉桂是台湾原生种，使用部分以树叶为主，肉桂醛成分高达 92 %，为世界所有品种之冠，具杀菌、防腐功效，其独特香味也可加入咖啡、糕点、冰淇淋等食品，而且已开发出肉桂酒等高经济价值商品。

保存

台湾土肉桂的食用部分以树叶为主，新鲜叶片的香气、甜味最佳。叶片也可晒干保存。已晒干的树皮则需保存在干燥阴凉处。

应用

- 土肉桂树皮有辛辣的肉桂香味，可代替肉桂用作香料。料理肉类时，可加入几片土肉桂叶，有去腻提味的效果。
- 新鲜叶子可泡茶，也可将枝叶煮成土肉桂水，做菜时加入可增添香气。

台式香料

瓜环桂香肉

炖肉料理中，使用土肉桂粉或其他的五香粉，都可以提升肉的甜味及去腥。而黄瓜镶肉的味道清爽不腻，只需用淡淡清香的肉桂粉就可以调出好味道！

香料 土肉桂粉少许

材料 大黄瓜1条、猪绞肉200克、虾米10克、葱2根、姜3片、香菇3朵、鸡蛋1颗、太白粉1大匙

调味料 酱油1小匙、绍兴酒1大匙、糖1小匙、香油2大匙

作法

1 大黄瓜去皮，切成圆圈状，将籽挖除；葱、姜、香菇切末，虾米泡水，备用。

2 取一个盆，将大黄瓜、猪绞肉、姜、香菇、鸡蛋、太白粉、土肉桂粉及调味料（除香油外）调拌均匀，持续搅拌至绞肉产生黏性，镶入瓜环内，排盘后再把虾米点放在上面。

3 将黄瓜放入蒸锅中，以小火蒸10分钟至熟后，取出撒上葱花，再将香油烧热淋上即可。

花椒

Zanthoxylum

Sichuan Peppercorn

菜中的灵魂香料，让食材在舌尖上喧闹奔放

料理　香氛　药用

别名：秦椒、川椒、山椒

产地：原产于中国四川，目前的产地有中国、印度等

利用部位：果实

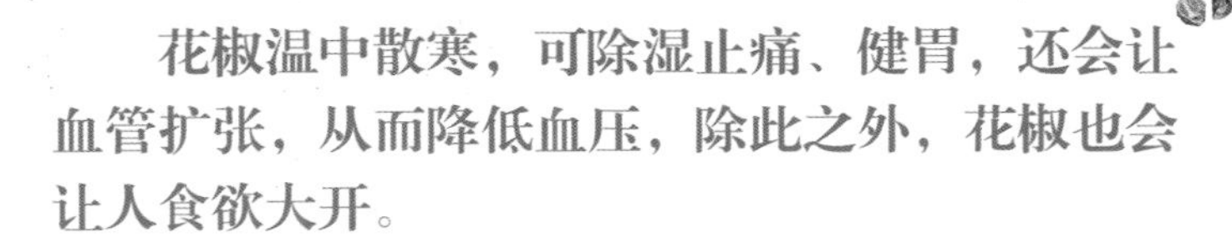

花椒温中散寒，可除湿止痛、健胃，还会让血管扩张，从而降低血压，除此之外，花椒也会让人食欲大开。

花椒的麻涩辛辣中带着木质与柠檬香气的辛香，台湾料理中常使用的是红花椒，以颗粒大小分为大红袍和小红袍，以外皮紫红、有光泽为较佳品质。

另一个品种为青花椒，果实颗粒硕大，色泽碧绿，味道比红花椒更辛呛，麻味也深沉醇厚，是风味最佳的花椒。中国川菜的传统料理中，大量使用的便是此种青花椒。炒的花椒香气不易释放（眼睛虽看得到但味道很淡，得用嘴巴咬碎才容易有麻味），可透过长时间焖、卤，或做成花椒油、磨成花椒粉后，味道较易释出。

应用

- 花椒果实可作为调味料，也可提取芳香油，或浸酒、入药。
- 花椒可整颗腌渍，也可以做成调味油，或是干燥后与其他香料混合制成调味粉。
- 花椒的辛香味特殊，可用花椒盐取代胡椒盐为食材调味。

保存

颗粒与粉状的花椒需以密封容器存放，以免受潮。

适合搭配成复方的香料

花椒是五香粉用料之一。将花椒、麻椒，以及少许八角泡入加热后的葵花油，待冷却后便是餐桌上方便使用的花椒油。

point /

制作口水鸡酱料时，炼花椒油是个重要的步骤，通过油爆花椒的过程，让花椒的香气及麻辣味进入酱料中。

point /

在麻婆豆腐中加入了榨菜丁的创意，让软嫩的口感中增加了脆度，且榨菜带点咸味也具有调味的作用。

台式香料

花椒口水鸡

川菜经典菜色中的口水鸡，以花椒麻辣味著称，因为香麻辛辣而让人口水直流。以花椒炼制花椒辣油作为口水鸡酱的基底，味道丰富且层次多元，甜中带着香辣滋味！

香料　花椒 30 克、辣椒粉 10 克

材料　鸡腿 400 克、洋葱 100 克、小黄瓜 100 克、花生碎 50 克、香菜 2 根、葱段 3 根

调味料　辣油 5 大匙、镇江醋 2 大匙、芝麻酱 1 大匙、蒜泥 10 克

作法

1 鸡腿煮熟后放凉，用手撕成粗条；小黄瓜、洋葱切细丝、泡水后沥干，备用。

2 锅中入辣油烧热，放入葱段炸至金黄后捞起，关小火后加入花椒，加热至香气飘出之后，倒入过滤网内过滤，即成花椒油。

3 找一个盆倒入辣椒粉，将作法 2 的花椒油冲入辣椒粉内，再拌入所有调味料成口水鸡酱。

4 将鸡腿肉、小黄瓜、洋葱丝与口水鸡酱拌匀，盛盘后，撒上花生、香菜即可。

台式香料

麻婆豆腐

麻婆豆腐中的麻辣味道来自花椒和辣椒，焖煮或直接入口的料理通常会使用花椒粉；而需长时间卤煮的料理则会用花椒粒。花椒粉适合短时间烹调时带出麻味，香气也不易散失。

香料　花椒粉 5 克

材料　榨菜 50 克、猪绞肉 100 克、豆腐 1 盒、葱 2 根、辣椒 1 根、蒜头 10 颗

调味料　辣油 2 大匙、糖 1 大匙、酱油 1 大匙

作法

1 榨菜切小丁，泡水去除咸味；豆腐切四方丁；葱、辣椒、蒜头切碎丁，备用。

2 锅中入油烧热，爆香蒜、辣椒及一半的葱，再加入绞肉炒出香味，续入豆腐、榨菜、调味料、花椒粉以小火煨煮至入味，可用太白粉水略为勾芡。

3 起锅前撒上另一半葱花即可。

桂皮

Cinnamon

备受喜爱的香气，咸、甜食都绝配

饮料 料理 烘焙 精油 香氛 药用

别名：肉桂、月桂、官桂、香桂

产地：福建、广东、广西、湖北、江西、浙江等地，云南、安徽地区亦产

利用部位：树皮

桂皮入菜除了可以增进食欲，还有预防糖尿病、暖胃驱寒、活血通经的效果。桂皮加上老姜、红糖煮成茶，体质寒凉者饮用可去寒。

桂皮是指樟科植物天竺桂、阴香、细叶香桂、肉桂或川桂等树皮的通称，并不单指一种树皮，是人类使用的香料中最古老的一种。在中国秦代以前，桂皮就与生姜并列为肉类的调味圣品。在中式料理中桂皮除了作为烹饪的香料调味外，也是五香粉、卤包常用的香料之一，是炖肉时不可或缺的一味。而它亦是常见的中药材，对于活血通经、暖脾胃有很好的效果。

中西各国料理中，从肉类到甜点、饮料，皆用其去腥、提味、解腻，香气中带点清淡木头香及甜甜的味道，充满了森林的气味。因味道与长相都相似，常与肉桂混用。

应 用

桂皮香气浓厚，可去除肉类的腥味，不论是片状或粉状入菜，都有解腻、增加食欲的效果。

保 存

桂皮存放于阴凉干燥处，避免受潮，最好密封保存，发霉后避免食用。

台式香料

香桂烧排骨

排骨要软绵入味，需要焖煮一段时间，桂皮愈煮味道愈浓郁，利用其香味持久的特性来烹煮排骨，煮至入口即化，香气也随之在口中萦绕不去！

香料 桂皮 30 克、香叶 5 片、八角 5 颗

材料 排骨 300 克、姜 5 片、葱 3 根、蒜头 10 颗、地瓜粉 2 大匙、鸡蛋 1 颗、青花椰菜 50 克

调味料 酱油 3 大匙、番茄酱 2 大匙、糖 1 大匙、绍兴酒 2 大匙

作法

1 排骨切块，均匀裹上以酱油 1 大匙、蛋液、地瓜粉拌匀的粉糊，备用。

2 葱、姜、蒜拍碎，青花椰菜烫熟排入盘内。

3 锅中入油烧热，将排骨入锅炸至地瓜粉完全附着于排骨上，即可捞起。

4 锅中留余油，将葱姜蒜及香料入锅略炒，加入炸好的排骨及调味料拌炒后，加水盖过排骨，以小火焖煮至收汁、排骨软绵后，即可将排骨取出排盘。

红葱头

Shallot

Allium ascalonicum

肉臊、油饭少不了的香味来源

料理

别名：火葱、分葱、四季葱、大头葱、珠葱

产地：亚洲西部、中国南部

利用部位：鳞茎、植株

红葱头的营养价值高，且具有健脾开胃、利尿、发汗等功效，有助于提升身体的代谢力。

红葱头味道虽辛辣却带香甜，能帮助食材提味，使料理味道更清香，台式料理中以客家菜肴最常使用。

红葱头是植物的鳞茎，表面有紫红色的薄膜，切开的茎肉则呈浅紫或白色，选购原则为饱满而外表没有脱水现象为佳。其植株较为纤细，味道也没有青葱的辛辣味，较为清香温和。直接生吃就像蒜头，炸过后干香味才会出来，爆香时在葱姜蒜之外加一点红葱头，香气可加倍。

应用

- 红葱头的鲜嫩植株可当料理的佐料，或用作蔬菜炒食。
- 鳞茎部分用途很广，用来爆香，可为料理提升风味。
- 油炸成油葱酥，可用作调味。

保存

红葱头最好以吊挂方式保存在干燥通风处，否则容易腐烂或发芽。切好的红葱头则应密封冷冻。

point /

在红葱肉臊煎饼里，白萝卜加盐把水分挤掉，多了这道工序，可以让萝卜丝吃来清脆不软烂。

台式香料

油葱炒米粉

以红葱头制成的油葱酥是台湾小吃里经常用到的香料，熟悉的味道总是扮演着画龙点睛的角色。炒米粉里加了油葱酥，香气大大提升。

(香料) 红葱头 15 颗

材料 五花肉 100 克、香菇 2 朵、虾米 30 克、蒜头 5 颗、洋葱 1/2 颗、胡萝卜 30 克、豆芽 100 克、韭菜 5 根、鸡蛋 1 颗、香菜 2 根、葱 1 根、米粉 1/2 包

调味料 酱油 1 大匙、乌醋 1 小匙、糖 1 小匙、胡椒粉少许

作法

1 五花肉、洋葱、香菇、胡萝卜切丝，蒜头拍碎，红葱头切片，葱、韭菜切段，香菜切小叶，米粉用热水泡软，备用。

2 锅中入油烧热，加入红葱头片炸至金黄后，将油葱酥捞起备用。

3 将鸡蛋打散后倒入原锅，炒至有泡沫后，加入葱、蒜、洋葱、香菇、虾米及油葱酥炒香，续入胡萝卜、肉丝拌炒均匀，再加入调味料和水 200 毫升略煮之后，最后加入米粉焖煮至酱汁收干。

4 最后加入豆芽、韭菜炒至全熟盛盘，撒上香菜即可。

台式香料

红葱肉臊煎饼

红葱头是肉臊中不可缺少的调味香料，而将咸香的肉臊加入味道较平淡的面糊中煎成饼，让肉臊成了提味的功臣，也让煎饼的味道更丰富且有层次感。

(香料) 红葱头 10 颗、香菜 20 克

材料 猪绞肉 100 克、白萝卜 1/2 条、葱 20 克、鸡蛋 2 颗、在来米粉 100 克

调味料 胡椒粉、盐各少许

作法

1 白萝卜洗净带皮切丝，加入盐抓腌，静置出水后，将水分挤掉；红葱头、香菜、葱切末，备用。

2 锅中入油，将猪绞肉炒香后，再加入红葱头拌炒到香味出来，取出放凉备用。

3 将在来米粉加入适量水调成糊状，倒入所有食材混合均匀。

4 取平底锅入油烧热，倒入作法 3 用煎铲压平，让米糊厚度尽量一致，以小火慢煎至两面金黄即可。

香菜

Coriander

Coriandrum sativum

独特且具个性的香气，是料理点缀与提味的最佳配角

饮料　料理　烘焙　精油　香氛　驱虫　药用

别名：胡荽、芫荽、胡菜、香荽、天星、园荽、胡莱、芫茜

产地：原产自地中海地区

利用部位：种子、叶子

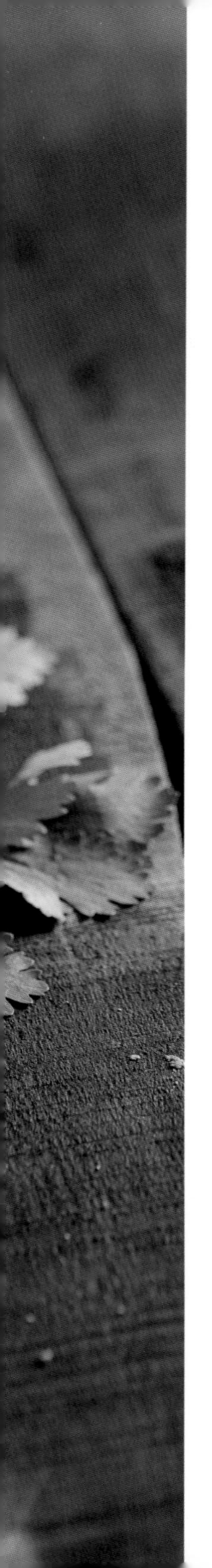

香菜可促进肠道蠕动及刺激汗腺活动，其中香菜的生化成分有助排出人体内存留的重金属（如铅或汞）。

香菜籽（芫荽籽）

相传香菜最早的食用记录是在地中海地区，中世纪欧洲人以香菜籽来掩盖肉的腥臭味。一直到了西汉时张骞出使西域才将香菜引入中国。因为它特殊的香味，只要将鲜叶直接撒于料理上，就有点缀、提味的效果，为中式料理常用的调味鲜香料。

香菜的味道特殊，是因含有醛类物质产生的独特香气，而喜欢或讨厌它的味道与嗅觉受体基因有关。叶片与梗可分开使用，叶片作为料理完成后的提香，梗则可以和牛肉等肉类一起热炒或炖汤，口感似芹菜。

应用

- 香菜嫩茎和鲜叶的特殊香味，常用来调汤、凉拌等，除了有清爽宜人的芳香，还有去腥作用。
- 香菜叶通常不下锅煮炒，而是烹饪完成后再撒上。
- 晒干后的香菜籽要在热油里爆香，味道才能释出。

保存

- 完整的香菜籽可密封存放半年至一年，磨粉之后味道很快挥发，最好是食用前再研磨。
- 新鲜香菜叶子可冷藏保鲜；或者切除根部后，挂在阴凉通风处晾干，可延长保存期。

适合搭配成复方的香料

将香菜根、大蒜及胡椒粒磨泥，可制成泰式料理中特有的香辛调基底。

在葱油饼中加入金针菇，可让口感变化更多元，除了面粉香、辛香料的风味外，还多了金针菇的滑脆。

point /

香菜在料理中通常是起锅前才加入，或是不拌炒直接撒在料理上提味，因香菜的气味在久煮后反而会散失。

台式香料

香菜葱油饼

葱油饼一般多以葱为主角，在饼里加进香菜，可让葱油饼吃起来不腻口，且多了份独特的淡淡清香！

香料 香菜 50 克

材料 猪绞肉 100 克、葱 50 克、洋葱 1/2 颗、芹菜 50 克、金针菇 50 克、鸡蛋 2 颗、低筋面粉 2 大匙

调味料 盐、黑胡椒各少许

作法

1. 香菜、葱、芹菜洗净切末，金针菇去除尾部切碎，洋葱切薄片，备用。
2. 取一个盒子将所有材料、调味料一起混合拌匀。
3. 取一平底锅入油烧热，将作法 2 倒入煎至金黄，取出切片即可。

台式香料

香菜牛肉丝

香菜是中式料理常见的点缀香料，因它独特的香气，为料理加入了清新的味道。香根牛肉即是以香菜梗入菜的经典菜色，为牛肉丝带来清香爽口！

香料 香菜梗 100 克

材料 牛肉 200 克、豆干 100 克、芹菜 100 克、葱 1 根、蒜头 5 颗、辣椒 2 根、鲜香菇 3 朵、鸡蛋 1 颗、面粉 10 克

调味料 酱油 1 小匙、米酒 1 小匙、糖 1 小匙、豆瓣酱 1 小匙

作法

1. 牛肉切丝，加入蛋液、面粉、酱油、米酒略腌。
2. 豆干洗净对剖切丝，芹菜、葱、辣椒、香菇切细条，蒜头切薄片，备用。
3. 锅中入油烧热，倒入豆干略炸至金黄后捞起，再倒入牛肉丝过油沥干油分。
4. 锅中留余油，加入葱、蒜、辣椒爆香，续入豆干、牛肉丝略炒，加入糖、豆瓣酱略炒，最后加入芹菜、香菜梗拌炒后即可盛盘。

九层塔

Basil

Ocimum basilicum

三杯料理中的味觉诱惑

饮料　料理　烘焙　精油　香氛　驱虫　药用

别名：罗勒、七层塔、金不换、香花子、兰香

产地：印度、中国、东南亚等地

利用部位：叶子

九层塔含有丰富的维生素A、C，有助于增强免疫力、抗血管氧化，对于支气管炎、鼻窦炎、气喘等具有改善效果。外敷则可消肿止痛，可用来治疗跌打损伤和蛇虫咬伤。

九层塔的名字来自其重重叠叠如塔状的花。台湾料理中使用的九层塔是罗勒的品种之一。罗勒各品种口味略有差异，例如意大利青酱中使用的是“甜罗勒”（可参考本书113页），味道较淡，口感较不青涩。

印度人自五千年前就开始种植与使用罗勒，至今罗勒仍是意大利和南亚料理中的重要香草，也是我们熟悉的三杯料理中那迷人的香味。

应用

- 将新鲜九层塔加入羹汤增香，或作为油炸时的提味香料。
- 味道浓烈，适合加入海鲜贝类料理中去腥提鲜。
- 越南料理中使用的是平叶九层塔，香气和一般九层塔不同，较适合搭配水果。

保存

新鲜九层塔不耐保存，需尽快食用或冷藏。

想保持茄子紫色外皮油亮可口，需先入油锅炸过，因为茄子含酶接触空气时会氧化变黑，将它过油可避免氧化。

台式香料

塔香茄子

所谓「塔香」即九层塔的香味，因为茄子的味道平淡，料理时需要较重口味的调酱来让它口感更好，而九层塔浓郁的味道正好与它搭配得宜。

香料 九层塔 50 克

材料 茄子 3 条、猪绞肉 100 克、姜 5 片、蒜头 5 颗、辣椒 1 根、葱 1 根、杏鲍菇 2 朵

调味料 酱油 2 大匙、糖 1 大匙、白醋 1 大匙、番茄酱 1 大匙

作法

1 茄子、杏鲍菇切滚刀块，姜、蒜头、辣椒、葱切末，备用。

2 锅中入油烧热，加入茄子、杏鲍菇炸至金黄后捞起沥干多余油分。

3 锅中留余油，放入姜、蒜、辣椒、葱爆香后，加入绞肉炒出香味，再加入茄子、杏鲍菇及调味料，并加入少许水焖煮收汁，最后放入九层塔拌炒即可。

台式香料

三杯鸡

三杯料理中绝对少不了九层塔的提味，为了避免九层塔炒得太久变黑、香气不足，起锅前最后加入九层塔叶快速拌炒一下，香气就马上出来了。

香料 九层塔 50 克

材料 鸡肉 400 克、蒜头 10 颗、姜 10 片、辣椒 2 根、马铃薯 1 颗、红葱头 10 颗

调味料 酱油 2 大匙、黑麻油 2 大匙、米酒 3 大匙、豆瓣酱 1 小匙、乌醋 1 大匙

作法

1 鸡肉切小块，马铃薯去皮切小块，辣椒切段，备用。

2 锅中入油烧热，加入鸡肉、马铃薯煎至上色后，捞起沥除多余油分。

3 锅中留余油，倒入红葱头、蒜头炸至金黄，再加入姜片炒至香味飘出，然后将除九层塔外的所有材料、调味料加入拌炒，以中火焖煮至收汁，起锅前加入九层塔即可。

罗汉果

Arhat Fruit

siraitia grosvenorii

神界赐来的果实，可清凉解暑、净化身体

饮料　料理　药用

别名：神仙果

产地：中国广西壮族自治区

利用部位：果实

罗汉果性凉味甘，是清肺润肠的药材，泡茶作为日常饮用，是很好的清热饮料，可提神生津，又可预防呼吸道感染。

罗汉果是很有名的中药，别名“神仙果”，这种果实对舒缓喉痛与治疗咳嗽的药效，众所周知。罗汉果对环境条件的要求非常特殊，只生长在中国广西北部，该地区的罗汉果生产量占全球的 90 %。

罗汉果冲茶或煲汤时有回甘滋味，而且有润胃效果，让茶汤喝起来味道更佳。而它的甜度高、热量低，因此也被制作成代糖。料理时，需将罗汉果敲破，连皮带果肉从冷水就下锅一起煮，让甘甜味慢慢释出。

应用

- 罗汉果煮水、冲泡后饮用，或研磨、制剂服用，或者直接咀嚼，都可达到保健效果。
- 罗汉果也可入菜，加入排骨汤或炖牛肉等料理，有清热解暑、滋补气血的功效。

保存

罗汉果多以干果贩售，应置于干燥处以防霉、防蛀。

台式香料

罗汉果烧腩肉

罗汉果烧肉是一道广西菜式，取用罗汉果内核的果肉料理。一般煮红烧肉时会加入冰糖来增加甜味或炒出焦糖色，但因罗汉果本身即具甜味，即使不另外加糖也会有甜味口感。

香料　罗汉果 1/2 颗、肉桂 50 克

材料　猪腩排 300 克、马铃薯 1 颗、豆腐乳 3 块、姜 5 片、蒜头 10 颗、地瓜粉 100 克、鸡蛋 1 颗

调味料　酱油 2 大匙、米酒 2 大匙、胡椒粉少许

作法

1 腩排切小块，马铃薯去皮切块，姜、蒜头略拍碎，备用。

2 锅中入油烧热，蛋打散，排骨入蛋液后裹地瓜粉并拍掉多余粉后入锅油炸，炸半熟后捞起备用。

3 马铃薯、姜、蒜也炸成金黄色，捞起沥干多余油分。

4 锅中留余油，把豆腐乳、作法 2 食材、调味料及敲碎的罗汉果、肉桂一起入锅拌炒均匀，加水淹至排骨 1/2 处，以小火焖烧至收汁即可。

台式香料

罗汉果西洋菜煲排骨

罗汉果与西洋菜是广东人常用的煲汤食材，两者除味道清甜外，亦有清热润燥、止咳等作用，适合秋冬之际喉咙不舒服时煲汤饮用。而罗汉果的甜味也可以让汤品更好喝。

香料　罗汉果 1 颗

材料　排骨 300 克、西洋菜 300 克、南北杏 50 克、蜜枣 5 颗、鸡脚 5 只、老姜 1 块

调味料　盐 1 大匙、米酒 2 大匙

作法

1 排骨、鸡脚剁小块，汆烫洗净；罗汉果压碎，备用。

2 锅中入水 2000 毫升煮滚后，将所有食材放入汤锅内，以大火煮滚后，改中火煮至西洋菜绵烂，再加入调味料即可。

辛中带甜，为餐桌带来南国风味

山奈

Kaempferia galanga

Sand Ginger

料理　药用

别名：沙姜、番郁金、三藾、山辣、土麝香、埔姜花、三奈

产地：原产于印度，中国南方、泰国、印度等地都有栽培

利用部位：根茎、茎

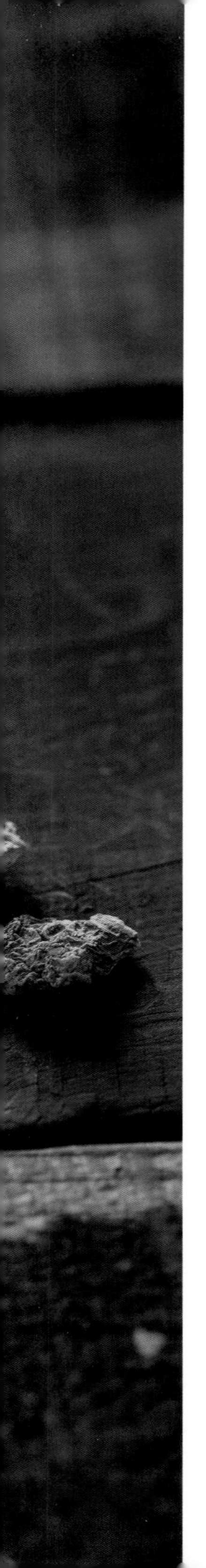

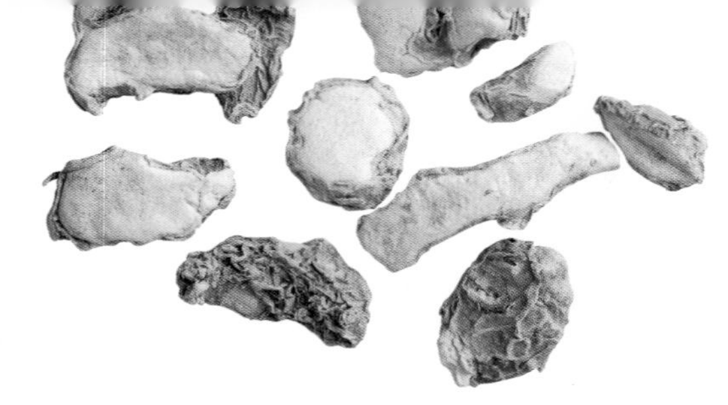

山奈可入药，有温中散寒、开胃消食、理气止痛的功效，常用来治疗消化不良、跌打损伤、牙痛、肿胀等症状。

山奈也常被称作“沙姜”，主要使用根茎部分，外形有点像干姜，香气芬芳，甜姜味中带有辛辣和咸味。山奈生长在湿气较重的遮阴环境中，雨季时便会在岩缝中或草地上看到冒出蝴蝶形的山奈小花。

除了直接以根茎入菜，山奈也可磨成粉末作调味料用，或者把嫩茎磨碎后，加入其他香料调制成酱料。市面上买到的多是干燥的山奈，闻起来没味道，炖煮后即会释放出温和的姜味，焖煮肉类（如红烧肉时）常会用到。

应用

- 在东南亚咖喱或台湾料理中的卤包中，山奈都是不可缺少的香料之一。
- 常用于蘸鸡、烤鸭、红烧肉等料理。

保存

山奈冷藏可延长保存时间。完整的根茎块也可埋在盆栽的细沙或黄土中，可久藏不坏。

适合搭配成复方的香料

山奈剁碎，加入香茅、大蒜、洋葱等，便可制成东南亚风味的酱料。

point /

此款山奈卤汁也可以用来卤制其他肉类。

台式香料

南宋姜肉

此道料理源自南宋朝廷招待金国使节的菜式，作法类似回锅肉。利用山奈、八角的重味道，让五花肉的味道更突出，也是广东料理中的经典菜式。

香料　山奈 50 克、八角 10 颗

材料　五花肉 200 克、葱 3 根、蒜头 20 颗、辣椒 2 根、绿竹笋 100 克

调味料　酱油膏 2 大匙、糖 1 大匙、绍兴酒 3 大匙

作法

1 五花肉连皮切成粗条状，绿竹笋烫熟切条，葱、蒜、辣椒略拍碎，备用。

2 锅中入油烧热，将绿竹笋之外的食材全部加入，以小火慢煸至肉条全熟，葱蒜呈金黄色后，加入调味料、绿竹笋，再慢慢煸至收干汁。

3 将香料及辛香料拣除之后，留取肉条及笋条盛盘即可。

台式香料

山奈长寿鸡

山奈亦称沙姜，顾名思义与姜类似，是卤汁中经常出现的香料之一。山奈鸡属于广东料理，以三奈与其他香料调成卤汁，用以卤制鸡肉，带点辛辣味。

香料　山奈 50 克、甘草 10 片、白胡椒 50 克

材料　土鸡腿 1 只、葱 2 根、黄芪 5 片、红枣 10 颗

调味料　盐 1 大匙、绍兴酒 2 大匙

作法

1 将鸡腿放入滚水中煮熟，备用。

2 取一深锅，放入鸡腿外的其他材料、香料及水 800 毫升煮滚之后，转小火煮 10 分钟，再加入调味料关火放凉即成卤汁。

3 把鸡腿浸入卤汁中，放入冷藏浸泡 1 天即可，取出盛盘。

香料索引－依香料名分类

料理索引－依食材分类

蔬菜类

肉类

海鲜类

豆腐与蛋

主食类

甜点与饮料

经典菜

调香、香料油与香料盐

调香

香料油

香料盐

图书在版编目（CIP）数据

餐桌上的香料百科 /《好吃研究室》编著 .-- 北京：华夏出版社，2018.3（2023.3 重印）
ISBN 978-7-5080-9298-0

Ⅰ．①餐… Ⅱ．①好… Ⅲ．①调味品－香料 Ⅳ．① TS264.3

中国版本图书馆 CIP 数据核字 (2017) 第 219109 号

餐桌上的香料百科

编　　著　好吃研究室
责任编辑　布　布　蔡姗姗
美术设计　殷丽云
责任印制　周　然
出版发行　华夏出版社有限公司
经　　销　新华书店
印　　刷　北京华宇信诺印刷有限公司
装　　订　三河市少明印务有限公司

版　　次　2018 年 3 月北京第 1 版
　　　　　2023 年 3 月北京第 6 次印刷
开　　本　787×1092　1/16 开
印　　张　23.5
字　　数　200 千字
定　　价　92.00 元

华夏出版社有限公司　网址:www.hxph.com.cn　地址：北京市东直门外香河园北里4号　邮编：100028
若发现本版图书有印装质量问题，请与我社营销中心联系调换。电话：（010）64663331（转）

爱上铸铁锅

铸铁锅的不败料理秘籍（上册）

爱上铸铁锅

铸铁锅的不败料理秘籍（下册）

地道日式家常味

来自日本家庭的 82 道暖心料理

黄金比例的舒芙蕾松饼

下午四点钟的茶会

在川宁遇见最迷人的英国茶文化